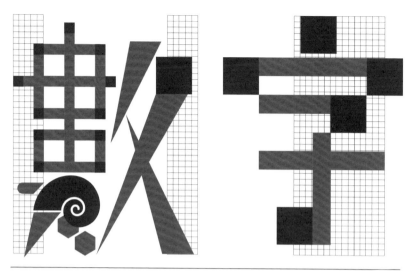

數字

的 ▲ 萬 ● 物 ■ 論

從數學觀點出發，解答大自然的奧祕！

冨島 佑允

楓葉社

序文

　　冒昧請問閱讀本書的各位，生活在現代的我們，其實大家都加入了某個傳統宗教團體，大家知道這個宗教團體叫什麼名字嗎？

　　西元前6世紀左右，**畢達哥拉斯**環遊古代東方各國，學習數學的奧祕，日後頓悟一點，這世界全都是照著數學規則在運作，於是創立了「畢達哥拉斯主義」，並將這番領悟作為教義大肆宣揚。

　　畢達哥拉斯主義主張：「萬物皆可用數學規則來說明。」最能完整形容的一句話，就是眾所皆知的「**萬物皆數**」。自不待言，現代科學如實承繼了這項主張，畢竟科學正是用算式，闡明日常瑣事的學問。

對於生活在「科學」全盛時代的我們來說，如此見解或許看似理所當然，但是林林總總的現象得以用算式加以說明，其實一點也不理所當然。

號稱20世紀最偉大的物理學家愛因斯坦曾說過：「這世界最不可思議之事，就是這世界竟然可思可議」。對物理學家來說，「可思可議」即所謂「可計算」的意思，因此對天才愛因斯坦而言，最大的不解之謎，就是這個世界能用數字來表達這件事。

現代的我們，將「科學性」視為正確的代名詞，由此可見，我們也算是畢達哥拉斯主義的一分子，堅信「萬物皆數」這個道理，所以才說，科學正如同宗教一樣。但是如今已經找不到一種自然現象，無法以算式加以說明，毫無事例足以反駁畢達哥拉斯主義的教義，因此人們愈是深信不疑。姑且不論他人，我自己正是畢達哥拉斯主義的虔誠追隨者之一。

環顧四周，不難發現日常充斥著不可思議又美妙「數學」規則。

藉由加法、乘法一探「四維空間口袋」的內在；
足以讓畢達哥拉斯犯下謀殺罪的奇妙數字；

潛藏於植物之中的數字及形狀規則。

　　日常似懂非懂的不可思議、隱藏於你我周遭的數字奧祕，現在就讓我們攜手踏上，「隱身日常的美妙數學」之旅吧！

　　　　　　　　　　　　　　　　冨島　佑允

目錄

雪的結晶、斑馬的條紋、一圈圈的螺貝……。

日常不足為奇的「形狀」，其實潛藏著數學規則。

古希臘盛行以數學手法解析形狀奧祕的「幾何學」，

一直被視為貼近宇宙神祕世界的祕密儀式。

傳說中的畢達哥拉斯還創立了「畢達哥拉斯主義」，

悄悄宣揚數學的主張，並持續投入幾何學的研究。

解開「形狀」規則之祕，

就能全面理解當初百思不得其解之事。

例如探頭窺視哆啦Ａ夢的四維空間口袋，

究竟會看到什麼呢？

儘管無法直接釐清四維空間的世界，

只要深入探索三維空間的「形狀」規則，

四維空間的「形狀」即可一覽無遺。

包含蜂巢的六角形，也藏著數學的奧祕，

才能利用有限資源造出堅固宏偉的空間，

由上可知，渺小的蜜蜂其實是偉大的數學家。

本章將一步步探尋，

隱身日常各種「形狀」的奧祕。

將你自己當作畢達哥拉斯，

親自解開這一個個的謎團吧！

1-1.

蜂巢為什麼是
六角形？

觀察自然界，不難發現潛藏著各式各樣的「形狀」，
比方說蜜蜂的巢穴是漂亮的六角形，蝸牛及螺貝身
上的外殼有著美麗的螺旋形，除此之外，斑馬的條紋，還
有雪的結晶，呈現複雜且規律的形狀，諸如此類族繁不及
備載。話說回來，為什麼會顯現出這樣的「形狀」呢？
例如蜜蜂為什麼特地將巢穴蓋成六角形？依照人類的觀
點來看，四角形的屋子蓋起來應該比較容易才對。

說實話，在這背後潛藏著蜜蜂才明白的「經濟學」。

蜜蜂的巢穴，是用來儲存蜂蜜、養育幼蟲，無論用來做
什麼，肯定是愈大愈好。畢竟蜂巢愈大，不但能存放大量

蜂蜜，幼蟲住起來也會更舒適。

但是對蜜蜂來說，由於蜂巢是用蜂蜜形成的蜂蠟建造而成，所以築蜂巢屬於重度勞力的工作。蜂蠟是工蜂吃下蜂蜜後，由位於腹部的蠟腺如同流汗一樣，從體內分泌出來，然後工蜂再用腳將這些蜂蠟延展開來，逐漸蓋出蜂巢外壁。不過要製造出10公克蜂蠟，竟然需要使用到8倍的蜂蜜，也就是80公克的蜂蜜。

接下來為大家稍微解說一下蜜蜂的世界，在蜂巢中，一隻女王蜂底下通常會帶領數萬隻工蜂，而收集蜂蜜則是工蜂的工作。順便告訴大家，工蜂全部都是母的；蜂巢中雖然有幾百隻公蜜蜂，卻只是為了繁殖而存在，藉此才能培養出工蜂。

工蜂的壽命約一個月左右，而且一隻工蜂一輩子能夠收集到的蜂蜜量，僅有4至6公克而已。說實話，工蜂就像是為了女王蜂奉獻一生的職業婦女們，她們花費一生只能收集到4至6公克的蜂蜜，可是全部用盡也無法製造出1公克的蜂蠟。

工蜂總是日復一日穿梭空中，尋找花朵辛勤收集蜂蜜。沒有週休二日或國定假日能休息，每天都得出門上工。每

隻工蜂能收集到的蜂蜜微乎其微，但是靠著人海戰術，籌措得以維持蜂巢的蜂蜜。

將蜂蜜想像成江戶時代的米

蜂蜜對蜜蜂來說，就像是人類眼中的金錢一樣，拚死拚活工作後，最後才能獲取微薄的報酬。不過蜂蜜對蜜蜂來說也算是食物，因此將食物比喻成金錢，大家可能會覺得不太恰當，不過我們人類直到不久前的江戶時代，其實一直都是以米代替金錢進行經濟活動。

現代人類社會，會用GDP（國內生產總值）一詞來表示國家的經濟規模。但在江戶時代，農民（勞動力）及武士（軍事力）的溫飽，全仰賴「米」的產量，因此也代表著一番領地的經濟力，譬如會用加賀100萬石（1石相當於150公斤的米，因此100萬石等同於年產量15萬噸）這種方式，用米的產量表示經濟力。而且農民會用米作為稅金，獻納給大名，即所謂的年貢。

江戶時代初期便有四公六民制，規定人民須將米的四成收穫量納稅，依照現代的說法，就是40%的稅率。據說自江戶中期開始，才改為五公五民（稅率50%）。

如同江戶時代的經濟全靠米在支撐，而蜜蜂的經濟也是藉由蜂蜜撐起一片天地。蜂蜜可以作為糧食，也能成為蜂巢的建材，對蜜蜂來說彌足珍貴。正因為如此，才必須省吃儉用。總而言之，在建造蜂巢時，蜜蜂必須嚴守下述二點原則：

①空間盡可能愈大愈好。

②材料用得愈少愈好（節省成本）。

我們人類也是一樣，譬如租房子時，都會想在有限預算內，盡可能找到大一點的空間，蜜蜂的住居，同樣重視能兼顧成本與舒適度（面積）。

假使蜜蜂來找你商量房子的造型，你會建議牠們蓋成什麼形狀呢？現在就來多方嘗試一下，首先來看看蓋成圓形好不好，請參閱圖表1-a。

假使蓋成圓形，難免會有縫隙形成。原本打算將房子蓋得愈大愈好，沒想到竟然造成縫隙，白白浪費了這部分的空間。由此可知，圓形是行不通的，如果不想形成縫隙，這樣應該蓋成什麼形狀才恰當呢？

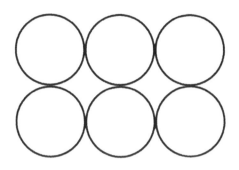

圖表1-a　圓形的例子

〈T〉

　　其實大家都知道，如果要填滿相同大小的正多邊形，能夠布滿整個平面的圖形，只有「三角形」、「四角形」，以及「六角形」這三種。最初發現這項結論的人，其實是知名的古希臘哲學家畢達哥拉斯。

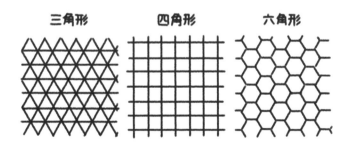

圖表1-b　毫無縫隙布滿平面的圖形

〈T〉

由此可知，想要有效率地運用空間，只能將房子外型蓋成「三角形」、「四角形」、「六角形」這三種。

接著來看看，在這三種形狀當中，最能滿足蜜蜂需求的是哪種形狀呢？

現在請大家回想一下，製造蜂巢外壁時需要使用到的蜂蠟。**環繞房子需要多大的壁面，其實是取決於圖形的周長**（外周）。周長愈長，需要的壁面就會愈長，必須使用到大量的蜂蠟，可是用來建造房子壁面的蜂蠟，數量卻是有限的，因此就得善用這些有限的蜂蠟，盡可能蓋出大一點的房子。

也就是說，**當周長**（＝必須使用到的蜂蠟量）**相同時，房子愈大的圖形愈理想。**

利用折紙折出底面為三角形、四角形、六角形的柱狀，大家或許會比較容易理解，也就是利用一樣大小的折紙，盡可能蓋出大一點的房子（圖表1-c）。蜜蜂在蓋蜂巢時，就是運用了相同的原理。

折紙

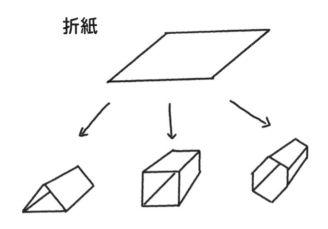

圖表1-c　底面為三角形、四角形、六角形的柱狀

（ㄊ）

　　假設周長固定為12公分，那麼請大家分別計算一下三角形、四角形、六角形的面積。這樣一來，就能明白哪一種形狀的面積最大了。

　　首先來看看三角形的例子，暫且省略證明的過程，當周長固定時，如要得到最大的面積，必須是三角形的三邊等長，也就是正三角形的時候。如果是正三角形，周長固定為12公分，一邊的長度就會是4公分。三角形的面積公式為「底邊×高÷2」，以本範例為例，底邊為4公分，高度的部分省略詳細說明，利用畢達哥拉斯定理計算後為 $2\sqrt{3}$ 公分（$\sqrt{3}$ 讀作「3的平方根」，乘以2次會變成3，具體來說約為

1.73），因此面積計算結果如下所示：

底邊 × 高 ÷ 2 = 4 cm × 2√3 cm ÷ 2 ≒ 4 cm ×
（2 × 1.73）cm ÷ 2 = 6.92 cm²

接著來看看四角形的例子，當周長固定時，如要得到最大的面積，必須是四角形的4邊等長，也就是正方形的時候。如果是正方形，一邊的長度就會是3公分，因此面積計算結果如下所示，可知正方形的面積比三角形來得大：

3 cm × 3 cm = 9 cm²

最後是六角形的例子，同樣依照規定，當周長固定時，正六角形的面積才會是最大，也就是說，計算出一邊長2公分的正六角形面積多大即可。正確的計算方式有些複雜，所以直接用公式計算出面積。一邊長 a 公分的正六角形，面積會是 $\frac{3\sqrt{3}}{2}a^2$，因此面積計算結果如下所示，成為目前最大的面積：

$$\frac{3\sqrt{3}}{2}(2\,\text{cm})^2 ≒ \frac{3 \times 1.73}{2} \times 2\,\text{cm} \times 2\,\text{cm} = 10.38\,\text{cm}^2$$

當周長相同時，假設六角形的房子面積為100％，四角形的房子面積將為87％（9÷10.38＝0.87），三角形則是67％（6.92÷10.38＝0.67）左右，差距竟然如此之大！大家肯定十分驚訝吧？所以說，若要用相同分量的蜂蠟蓋出愈大的房子，六角形才會是最理想的形狀。

應用於工業產品的「六角形房子」

大家也都知道，六角形的房子耐衝擊又堅固，例如蜂巢壁面雖薄如蟬翼，內部卻能囤積幾公斤重的蜂蜜，這就是最好的證明。蜂巢的六角形，稱作「**蜂巢結構**」，運用這種結構的材質輕巧且堅韌，所以一般常應用在飛機機翼、汽車車身或是火車門板等等的設計上。

蜂巢結構的材質重量既輕又堅固，箇中祕密全來自六角形。舉例來說，金屬框若要減輕些許重量，最有效的作法就是在維持金屬框強度的範圍內鑽洞，因為鑽洞後，金屬框的重量就會整體減輕，而整個金屬框的強度，再由剩餘部分（未鑽洞處）的金屬加以支撐。因此如果沒有深思熟慮便過度鑽孔的話，當支撐的力道不足，將影響到金屬框的強度。如果能夠維持強度，同時又能大範圍鑽孔的話，就能製造出又輕又堅固的金屬框。

若是反向思考，**假設用於支撐部分**（剩餘部分）**的金屬量是固定的，再使鑽孔的面積達到極限，就能在確保強度的狀態下，使重量減到最輕**。話說回來，鑽孔面積如要最大化，鑽孔的形狀該當如何呢？

　　這個問題，是否似曾相識呢？沒錯，這個問題和蜂巢問題一模一樣，在周長（用來蓋蜂巢的蜂蠟量）固定的情形下，希望將房子面積蓋得愈大愈好，不過這次並不是想讓房屋變大，而是想讓鑽孔變大，但是數學運算結果完全一樣，而且想當然爾，答案會是「六角形」。所以說，想要製造出堅固又輕巧的材料時，蜂巢的六角形，也就是蜂巢結構最受到大家青睞。構成蜂巢外形的數學原理，居然能應用在最尖端的材料科學議題上，實在叫人不可思議呢！

1-2.

一圈圈的螺貝
是如何形成？

舉凡海瓜子、角蠑螺、鮑魚……這些貝類，都是海產類的熱門菜色，不過各種貝類的外殼形狀，卻是五花八門。有像角蠑螺一圈圈捲起來的螺殼，也有像海瓜子這樣二片貝殼長得像錢包一樣，甚至還有像鮑魚這樣單獨一片的平坦外殼，雖然同為貝類，形狀卻有千百種。

　　既然形狀不同，自然會讓人聯想到，外殼的形成方式理應也會天差地別。但是坦白說，貝類身上各形各狀的外殼，形成的原理全部都一樣。**貝類外殼的形狀，以數學的角度可稱為等角螺線**。等角螺線如次頁圖表 1-d 所示，意指由螺線中心向外延伸的直線，與螺線本身交叉的角度，永遠固定不變的圖形。

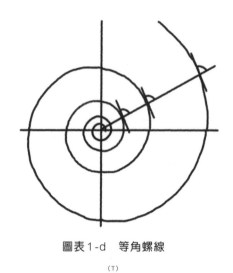

圖表1-d　等角螺線

〈T〉

將這種等角螺線與螺貝疊放在一起，會發現完全符合。

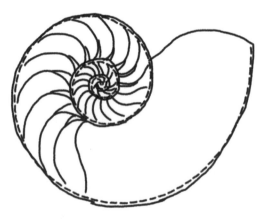

圖表1-e　螺貝外殼的斷面

〈T〉

為什麼螺貝的形狀會呈現等角螺線呢？這和貝類在製造外殼時的方法有關係。貝類會自己分泌鈣質等物質用來製造外殼，使外殼逐漸長大，因此貝類才能依照身體的生長速度，逐步擴建住所。

　　這種作法，可說十分合情合理且合乎經濟原則，否則每當身體長大時，就得從頭開始蓋新家的話，實在很浪費鈣質，這可是十分寶貴的營養成分。所幸貝類只要將舊殼擴建即可，並不會使過去的舊家白白浪費掉。

　　就像螺旋變大角度也不會改變的等角螺線一樣，**形狀變大後特性也不會改變的圖形，稱作相似形**。貝殼會呈現相似形，就是因為這樣對於貝類來說，居住起來才舒適。舉例說明，倘若螺旋的角度在不同地方會時大時小的話，貝殼內部變大的地方就會變寬敞、變小的地方則會變狹窄，也就是說，貝殼內部會變成「凹凹凸凸」。**對貝類來說，內部通道凹凸不平的住所，生活起來並不舒適，因此貝殼才會一直維持相同角度逐步擴大。**

雙殼貝也呈等角螺線？

　　這種等角螺線，乍看之下好像只會發生在螺貝身上，事實卻並非如此。**諸如海瓜子這類的雙殼貝，還有鮑魚這種**

單殼貝，牠們的外殼同樣都呈等角螺線。不過雙殼貝和單殼貝的螺旋角度過大，並沒有捲起來，所以驟然一看才會不像螺旋的模樣。事實上，將蛤蜊與角度較大的等角螺線疊放在一起的話，就會發現完全一致。

圖表 1-f　蛤蜊與等角螺線

雙殼貝由於螺旋角度過大並沒有捲起來，因此會製造出另一個外殼，以保護自己的身體。像是鮑魚等單殼貝，雖然僅製造出一個外殼，相對牠就會黏附在岩石上，藉此躲避敵人在沒有殼的另一面展開攻擊。

中生代有一種名為「異形捲曲菊石」的生物，其外殼呈現出不規則的怪異形狀。據悉在當時的日本近海，也有名為「日本菊石」的異形捲曲菊石棲息著；而日本菊石化石的復原預想圖，就是像圖表 1-g 所示的這個樣子，形狀果真相當奇特。

圖表1-g　日本菊石的化石（左）與復原圖（右）

化石照片提供：產業技術綜合研究所地質調查綜合中心（GSJ F9094）、復原圖：©川崎悟司

　　傳聞當初發現化石時，曾經認為菊石並非單一種類，應該只是形狀怪異，但是現在發現了大量化石之後，確認菊石屬於同一種類，而且捲曲方式一致。目前並不清楚為什麼會呈現這種形狀，但是研究證實，一定有某些有利生存的條件，所以後來才會進化成這樣的形狀。

　　看似和現代螺貝的構造完全迥異，可是菊石外殼基本上還是呈現等角螺線的構造。一般的螺貝，在利用分泌物擴大外殼時，會和目前的外殼呈水平方向逐漸擴張。但是推測異形捲曲菊石，卻是呈垂直方向稍微「扭曲」的方式逐漸擴大，因此外殼並不會維持在水平面，而會變成立體化。後來證實，往水平方向會和一般的螺貝一樣，以等角螺線的方式慢慢變大；往垂直方向的扭曲方式則會出現周期性變化，最後才會演變成這種形狀。

時至今日，不需要到海邊尋找，也能輕輕鬆鬆以網購方式，買到一大包形形色色五花八門的美麗貝殼。欣賞著千變萬化的貝殼十足療癒人心，但是進一步深入思考的話，會發現這些貝殼的形狀全都遵循著等角螺線等數學原理。乍看之下似乎毫無關聯，事實上在自然科學的世界裡，會看到許多例子無不依循著精簡美妙的共同規則。看似複雜的自然現象，卻能用如此預料之外的簡單原則加以說明，這般意想不到與趣味性，可說正是科學的精髓吧！

1-3.

斑馬身上
為什麼有條紋？

我們身上都有條紋呢

〔T〕

熱帶草原是許多種動物的棲息地，其中以斑馬的存在最為醒目，純白搭配純黑的條紋，簡直就像從奇幻世界蹦出來一樣，鮮豔奪目；孔雀也是如此，一身豔麗色調的動物，總是牽引著我們的目光。但是斑馬如此顯眼，難道不會惹禍上身嗎？一般來說，醒目耀眼的外表，肯定很容易被肉食動物發現，這樣恐怕不利生存。

坦白說，斑馬為什麼會長成那付模樣，至今仍不可解，眾說紛紜，但是無不欠缺關鍵性證據，比方說有下述這些說法：

①掩人耳目說

據說當整群斑馬奔馳而來時，眾多條紋映入眼簾，會使人眼花繚亂，如此便可瞞過肉食動物。對於這種說法，大家可能難以接受，畢竟在熱帶草原裡，全身又黑又白的動物徘徊其中的話，肯定十分搶眼。

不過這是因為我們人類辨識顏色的能力極佳，才會感覺如此，**比如獅子等貓科的肉食動物，辨識顏色的能力就非常差，因此對牠們來說，世界看起來就像是黑白電視的畫面一樣**。無論是青草的綠色、樹木的咖啡色，還是花朵的粉紅色，在獅子眼中看起來都是黑黑白白的，所以在黑白世界裡頭，斑馬的黑白條紋一閃而過的話，的確可能可以掩人耳目。

只不過，這項說法並沒有切確證據足以佐證。事實上在熱帶草原上，獅子日復一日突擊斑馬群，令人同情的獵物一舉成擒，所以斑馬的條紋是否真能掩人耳目，著實費人疑猜。

②體溫調節說

　　另有一說是條紋有助於調節體溫，不過接下來的說明稍微艱深難懂一些。斑馬的條紋由黑白組成，眾所皆知，**黑色容易吸熱，白色不易吸熱**。相信大家都曾在小學時期，做過用放大鏡聚焦陽光，將紙點燃的實驗，用黑色的紙馬上就會開始燃燒，白色的紙卻總是怎麼也點不燃。

　　斑馬的身上也會發生相同的現象，陽光會使黑色條紋變熱，白色條紋卻不會變熱，最後身體表面的溫度便會產生差異，這樣一來，在溫差影響下會產生空氣對流，因此才能使身體冷卻。說不定斑馬的條紋，還可以用來取代電風扇降溫。

　　這項說法非常有意思，可是白色條紋與黑色條紋的溫差並不會太大，因此也有人認為不太會起風，究竟原因為何依舊不得而知。

③社會功能說

　　另一種說法十分具代表性，聽說是為了容易分辨出伙伴，因此斑馬身上的條紋才會如此顯眼。話說的沒錯，動物的皮膚及毛色變化有限，所以外表與眾不同的話，同為

斑馬的伙伴就能一眼辨識，才不容易出現迷途羔羊。斑馬為草食動物，因此成群結隊戒備肉食動物是很重要的一件事，一旦和同伴走散，恐怕會落單而遭受攻擊。

但是這項說法也令人存疑，畢竟在熱帶草原上，除了斑馬之外，還有許許多多的草食動物，例如像是羚羊或牛羚等等，這些動物身上的色彩並不顯目，然而牠們也都是成群結隊地團體行動。

假設社會功能說的說法正確的話，為何其他草食動物沒有進化成醒目外表呢？著實費人疑猜。

最終斑馬為什麼呈黑白條紋，至今仍是個疑問，說不定你就是那位，能為大家解開這個謎團的人。

話雖如此，斑馬那身出色的毛皮，是如何形成的呢？在進入這個話題之前，先來說說能一解條紋謎團的始末。

斑馬和馬原本就屬近親，因此斑馬和馬交配後也能產下後代，稱作「**斑馬馬**」，雖然斑馬馬身上長有條紋，但是條紋的間隔比斑馬窄，顏色對比也不明顯。馬身上沒有條紋，所以可以理解斑馬馬毛色對比變低的原因，但是條紋間隔變窄又是為什麼呢？

條紋形成的機制

　　這樣的條紋圖案，其實潛藏著極微精密的構造，甚至可以深入至細胞層次。實驗室為了釐清這項祕密，最常運用身上長滿條紋的小魚，也就是斑馬魚作為研究對象。斑馬魚小時候的外表並不搶眼，愈長愈大後，身上才會開始長出條紋或是圓點圖案。

　　舉例來說，將具有黃黑色條紋的斑馬魚買回家，利用顯微鏡觀察斑馬魚在成長過程中的皮膚變化，會發現年輕的斑馬魚混雜著黃色素細胞與黑色素細胞，愈長愈大之後，將逐漸區分成單純黃色的區塊與單純黑色的區塊。

　　但是仔細一看，會看見黃色素細胞中存在著單點黑色素細胞，經過一段時間之後，黑色素細胞會完全消失，這意味著黑色素細胞死亡了，也就是說，**在黃色素細胞的群體中混入黑色素細胞時，黑色素細胞將被黃色素細胞殺死**。

　　這樣對黑色素細胞而言，少了黃色素細胞會不會更好呢？其實並非如此。本以為用雷射將所有的黃色素細胞殺死，剩餘的黑色素細胞就能無限增殖，沒想到黑色素細胞竟然有約莫三成死亡了，由此可知，其實黃色素細胞有助於黑色素細胞的生存。

黃色素細胞雖然會將附近的黑色素細胞殺光光，另一方面卻也有助於遠處黑色素細胞的生存。這種情形可以想像成住在老家的父母與一個人生活的兒子，這樣或許會比較容易理解。

相隔兩地的父母，會寄送生活補給品來幫忙孩子，但是住在一起時，通常不會插手相助。事實上假使兒子從大都市回巢，父母也不會把兒子謀殺掉，因此這種比喻可能不太恰當……。

最後在這樣的相互作用下，黑色素細胞與黃色素細胞該如何各司其職，才能和平生存呢？

假設在皮膚表面，原先在某處的黃色素細胞占多數，於是將周遭的黑色素細胞全數殺死；反觀距離較遠的黑色素細胞，卻在黃色素細胞幫助下逐漸增殖，結果黃色素細胞的占優勢的部分會完全變成單一的黃色，另外在其周邊則會形成黑色素細胞占優勢的部分，所以才會逐漸變成條紋圖案。

靠愈近死愈快，離遠點才得救？

由此可知，黃色素細胞具有兩種作用，「**近距作用**」能將附近的黑色素細胞殺死，「**超距作用**」則能幫助相隔較遠的黑色素細胞生存。**條紋圖案的間隔長短，取決於超距作用的影響程度比近距作用大多少。**當超距作用的影響力，能比近距作用到達愈遠的地方，存在較遠處的黑色素細胞群體就會長大，因此條紋間隔會變寬。順帶說明，當兩者比例為 1：1 時，近距作用與超距作用的勢力範圍便會重疊抵消，因此並不會形成條紋。

以斑馬為例，兩種色素細胞的比率為 10 倍。每當斑馬和馬交配後，其條紋間隔會變窄，這就是因為斑馬和色素比率幾乎為 1（沒有條紋）的馬交配後，會使得比率大幅下降的緣故。

全世界第一位針對這項條紋形成機制提出論點的人，就是人工智慧之父、名聞遐邇的英國天才數學家——艾倫・圖靈（Alan Mathison Turing）。他將這兩種細胞在近距作用與超距作用的相互影響下，會如同波浪一樣逐步擴散，進而衍生出條紋圖案或圓點圖案的現象，以數字的形式表示出來，並且將這種作用取名為「**反應擴散機制**」。

目前推測，反應擴散機制除了發生在斑馬及斑馬魚身上之外，也在各種動物身上的圖案發揮作用，比方像是螺貝外殼上的花樣，還有居住在熱帶地區的熱帶魚花色等等。千變萬化的生物圖案，形成機制居然如出一轍，實在叫人覺得不可思議呀！

1-4.

為什麼不存在完全相同的兩片雪花？

（丁）

大家是否曾經在冬季，靜靜觀察過從天而降落在窗上的雪呢？仔細檢視雪的結晶，就會發現有著各種千奇百怪的複雜形狀，不過每個都是呈六角形，而不是五角形或七角形。為什麼雪的造型多變，可是每個卻都是六角形呢？

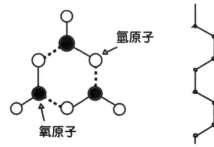

氫原子

氧原子

圖表1-h　水分子形成雪的六角形

（ㄒ）

　　先為大家解釋一下，為什麼雪會呈六角形。雪是由水形成的，水則是由許多小小的水分子聚集而成。大家可能聽說過，水的化學式「H₂O」，H₂O正是水分子在學術領域的正式名稱。水分子是氧原子（化學符號為O）的左下方和右下方，分別接著1個氫原子（化學符號為H），呈現類似迴力鏢的形狀，由於是O加上2個H，因此稱作H_2O。

　　雪是在遙遠上空的雲層中製造出來的，當內含水蒸氣的空氣上升到空中，因環境溫度降低而冷卻後，就會以雲中的細塵為核心聚集水分子，逐漸發展成結晶。水分子在凝聚成結晶得過程中，就會像圖表1-h這樣，在如迴力鏢頭尾的電子的吸引力影響之下（圖中虛線的部分），逐漸形成六角形的形狀，慢慢聚集起來。水分子具有聚集成六角形的特性，因此由水分子聚集而成的雪結晶，才會同樣呈現出

六角形*1。順帶告訴大家，促使水分子之間像這樣藉由電子吸引力結合起來的作用力，便稱作「氫鍵」。

　　事實上，**除了雪之外，存在於我們身邊的冰，全都是由水分子組合成六角形而製造出來的**，包含餐廳果汁杯裡盛裝的四角形冰塊也是如此。話說回來，為什麼餐廳端出來的冰塊不是六角形，而是四角形呢？這點相信無須多作解釋，正是因為我們將水倒入四角形的模具中冰凍而成。反觀雪並不是將水倒入模具裡製造出來，而是以空氣中的微塵作為核心，自然凝聚形成，因此才會顯現出原始的六角形形狀。

造就結晶形狀的物質

　　結晶逐漸發展之後，會形成雪最原始的六角形冰柱，接下來水分子才會進一步聚集，發展成結晶。不過目前發現發展方式共有幾種模式，大致來說，可分成**往橫向擴張的模式**，以及**往縱向延伸的模式**。如此一來，才會發展成各種形狀的結晶。

　　研究發現，**最終雪結晶的形狀，取決於周遭的溫度以及**

---

*1　其實結晶呈現六角形的真正原因十分複雜，必須深入探討結晶表面水分子的穩定度，但是內容過於專業，在此省略不談。

水蒸氣量。雪結晶的形狀會千奇百怪，就是因為在遙遠上空，結晶生成處的溫度及水蒸氣量各不相同的緣故。

　　全世界第一個發現這種現象的人，其實是名日本科學家。這位北海道大學的**中谷宇吉郎**教授，於1932年升格為大學教授後，便投入了雪的研究，他待在十勝岳的山中小屋裡拍攝了多達3,000張的雪結晶照片，並將結晶的形狀進行分類。當時的成果，後來成為現在雪結晶的國際分類標準。

圖表 1-i　雪結晶的形成方式

部分內容改編自朝日新聞，2007年1月14日早報「ののちゃんのDO科學　なぜ雪の結晶は六角形？」刊載圖片。（A）

就在中谷教授一天天拍攝結晶照片的期間，讓他察覺到一件事，就是**當氣象條件改變時，從天而降的雪結晶形狀也會隨之改變**。於是乎，他想藉由實驗查明氣象條件與結晶形狀之間的關係，為此他必須在實驗室中，以人工方式製造出雪結晶。這在當時，可是全世界毫無成功先例的大膽嘗試。

　　後來中谷教授靈機一動，在玻璃管中生成水蒸氣，再將水蒸氣冷卻後製造出結晶。他在零下50度的低溫恆溫研究室內，不停地反覆實驗，終於在1936年3月12日，成功製造出六角形的結晶。這是人類史上，首次製造出人造雪的一刻。

　　中谷教授更持續實驗，在不同氣溫、水蒸氣量下使結晶變大，查明氣溫、水蒸氣量與結晶形狀的關係，實驗結果如次頁圖表1-j所示，這張圖稱作「中谷-小林圖表」。「小林」取自小林禎作先生之名，當時他協助中谷教授的研究達到了進一步的進展。大致說來，水蒸氣愈多，可看出結晶形狀愈複雜的傾向。

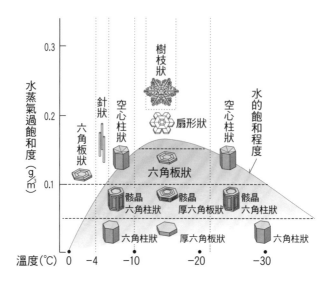

圖表1-j 依據中谷－小林圖表繪製而成的氣溫、水蒸氣量與雪結晶形狀之關係圖

(A)

　　事實上從天而降的雪結晶形狀，比「中谷-小林」圖表中出現的類型更多，據說逾100種以上。這是因為現實中的雪結晶，有別於實驗裝置中生成的人造雪，通常會在雲中不停移動，因此在變大的過程中，周圍的溫度及水蒸氣量也會不斷變化。結晶在變大的時候，周圍的氣溫及水蒸氣會逐漸變化，因此形成模式也會改變，所以才會變成更加複雜的形狀。

　　舉例來說，初期雪在形成時，如果位在零下30度左

右、水蒸氣少的地方，結晶會往縱向延伸；形成途中假使移動到零下20度左右、水蒸氣多的地方，接下來六角柱的兩端將開始往橫向擴張。最後結晶便會變成像太鼓這樣，呈現令人意想不到的鼓型。

雪結晶，會從小小的六角柱開始逐漸變大，因此在結晶中心附近的形狀，一般認為可顯示出結晶形成初期在雲中的狀態。接下來在結晶周邊部位，則會顯現出結晶即將完成時在雲中的狀態。

雪是來自天際的信件

反向思考，若我們**分析從天而降的雪花結晶，就能了解遙遠上空的氣象狀態**。只要觀察雪的形狀，就能推斷出雲是潮溼還是乾燥、溫暖或溫度偏低，因此中谷教授也留下這麼一句名言：「**雪是來自天際的信件。**」雪結晶會形成各式各樣的形狀，就是要藉由形狀不一的變化，告訴我們天空中的變化萬千。

只不過，為什麼結晶的形狀會因為上空的氣溫及溼度而產生變化呢？坦白說，這個謎團至今仍未可解。雖然透過繁複的電腦模擬，已經釐清部分結晶形狀生成的機制，但是仍然無法完整解釋。

1-5.

草木的「形狀」
有規則可循嗎？

樹枝或是雪的結晶，還有在地圖上所見到的海岸線等等，在大自然裡充滿許多奇形怪狀的東西。譬如要用紙筆將海岸線忠實描繪出來時，愈是仔細觀察，會發現線條錯綜複雜，感覺上終究無法正確描繪出來；反觀像是大樓以及道路等人工建造的建築物，大多是以單純的直線或曲線所組成的形狀，例如大樓幾乎用直線就能描繪出來。由此似乎可以得到一個結論——**自然形成的形狀錯綜複雜，人工製造的形狀卻顯單純**，究竟為什麼會出現這種情形呢？

難道是因為人類具備理智，所以偏好規則的形狀，大自然不具備理智，才會充斥紛亂無序的複雜形狀嗎？坦白

說，過去許多人都是如此認知，但是法國數學家**本華‧曼德博**卻發現，**大自然的形狀看似紛亂無序，其實潛藏著數學規則。**

雪結晶類似科赫曲線

現以名為「**科赫曲線**」的圖形為例為大家作介紹，請參閱圖表1-k。先畫出直線（①），再將這條直線分成三等分，並以中央線條為一邊的邊長，畫出最小的正三角形（②），接下來各邊再分成三等分，同樣以中央線條為一邊的邊長，畫出正三角形（③）。

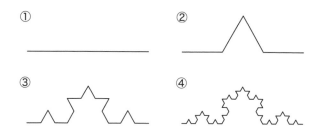

圖表1-k　科赫曲線的畫法

（A）

當我們不斷重複這樣的畫法之後，最後出現的複雜圖形會使人聯想到海岸線的模樣（④），而這種圖形便稱作「科赫曲線」。

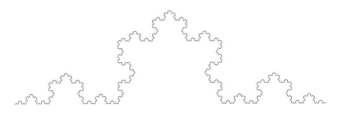

圖表1-l　科赫曲線

〈A〉

　　若以正三角形為起始圖形，再依照相同畫法描繪的話，
完成後會變成類似雪結晶的圖形，而這種圖形稱作「**科赫
雪花**」。

圖表1-m　科赫雪花

〈A〉

　　只是單純地重複動作，就能如實畫出在大自然裡觀察到
的複雜圖形。說不定，存在於自然界的形狀，最大特色就
是「不斷重複」。

與實物如出一轍的巴恩斯利蕨

　　接下來要為大家介紹稍嫌艱深的範例，請參閱下方圖表

1 -n。右圖為某種蕨類植物的葉子照片，左圖則是依照單純規則由電腦繪製而成的圖形。大家會不會覺得十分相似呢？

圖表 1-n　巴恩斯利蕨（左）與真實的蕨類（右）

圖片：123RF

事實上，左圖是將整張圖重複複製縮小再貼上的動作繪製而成，具體作法，就是如圖表 1-o 所示，固定重複幾次次頁 1）至 4）的動作即可。

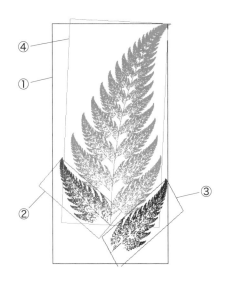

圖表 1-o　巴恩斯利蕨的描繪方式

作者：António Miguel de Campos（引用自 Wikimedia Commons）

1）畫出下方的莖部

2）將四角形①內部縮小複製後貼上四角形②

3）將四角形①內部縮小複製後貼上四角形③

4）將四角形①內部縮小複製後貼上四角形④

　　靠這幾個簡單動作，就能畫出像植物這般複雜的圖形。電腦並沒有內建描繪蕨類葉子的程式，只是一步步重複1）至4）的動作，自然能畫出類似蕨葉的圖形。這種圖形，因為英國數學家麥可‧巴恩斯利的著作而廣為人知，

所以被稱作「巴恩斯利蕨」。

　　科赫曲線及巴恩斯利蕨的相同之處，就是**圖形的一部分為整個圖形與重複圖形**。譬如將局部的科赫曲線放大後再和整張圖作比較，也看不出什麼差別，幾乎一模一樣。就像這樣，部分和整體相似稱作「**自我相似**」，具有自我相似特徵的圖形，稱之為「**碎形**」。在大自然中，存在著非常多碎形的物質。

　　其中最有名的例子，就是同屬花椰菜的寶塔花菜（圖表1-p），美麗的外形簡直就像藝術品一樣，不過它可是名符其實的蔬菜。從寶塔花菜的外形，也能看出部分和整體相似，即所謂自我相似的特徵。可惜我還沒吃過，不知道味道如何？

圖表 1-p　寶塔花菜

©朝日新聞社

樹枝也能看出規則性

　　說到部分與整體相似的圖形，樹枝也是其中之一。將樹枝放在白紙上，拍下樹梢的放大照片與樹枝根部的照片相互比較，其實很難判斷哪一張照片拍的是樹梢、哪一張拍的是根部（放在白紙上是為了避免在判斷時以背景作線索）。老實說，樹枝也算是碎形的一種。

　　樹枝的圖形，可藉由重複圖表1-q的動作描繪出來。先從基礎的單純圖形（最左側）開始畫起，在基礎圖形的樹枝部分，逐步複製再貼上整張圖的縮小版，重複上述動作之後，就能完成樹梢長出葉子的圖形了。

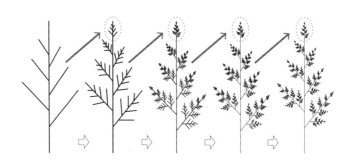

圖表1-q　藉由重複動作畫出樹枝的圖形

〈A〉

　　試著將基礎圖形畫成Y字型的話，就會變成圖表1-r這

樣的圖形，和冬天葉子掉光的枯木完全一樣。

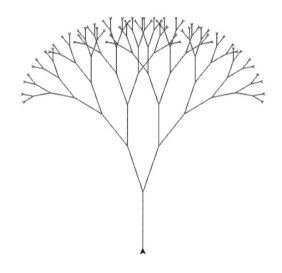

圖表1-r　碎形樹

　　除了這裡所舉的例子之外，在自然界還能見到各式各樣的碎形。大自然的形狀乍看之下毫無規則可言，其實卻隱藏著數學規則。

　　碎形的概念，曾在某時期成為電腦繪圖界注目的焦點。在電腦遊戲裡頭，高山或河谷等大自然，都是以圖形加以重現後，主角才能在遊戲中旅行或戰鬥。因此必須藉由圖形描繪出大自然的地形及植物，可是電腦並不擅長描繪不規則圖形，因此對電腦來說，實在很難重現出自然景觀。

所幸導入碎形的概念後，利用簡單的反覆計算，終於能夠描繪出近似大自然的地形及植物，這才得以減輕電腦作業的負擔。

近年來，電腦的性能大幅提升，在這類情形下運用碎形的機率似乎變少了，不過在大自然的形狀中，由「自我相似」如此單純的數學規則衍生而來的碎形概念，如今在藝術的領域仍吸引著許多人的目光。

1-6.

四維空間的「形狀」
是什麼樣子？

聽到「四維空間」這個名詞，大家或許會覺得有些難以理解。包括《哆啦A夢》的「四維空間口袋」在內，大家往往是從漫畫或科幻作品這些地方看到這個名詞。不過相信很多人根本不知道，四維空間究竟代表什麼意思。

本來「維度」一詞，就會給人一種專業且複雜的印象，其實這個名詞解釋起來並不困難，單純表示**「移動方向有幾個」**的意思。

我們現在居住的世界稱作「三維空間」，這是因為移動方向共有「左右」、「前後」、「上下」共三種。當然我們也

能往右前方移動，不過這個動作可視為往「右」移動加上往「前」移動的組合；另外像是爬樓梯的動作，也是往「前」移動加上往「上」移動的組合。就像這樣，我們居住的世界裡，物體的動作可用左右、前後、上下這三種組合方式來表示。

話說回來，當動作只有一個方向時，就是所謂的「一維空間」。大家不妨想像一下，當世界只能在1條直線上移動，就容易明白這個意思了。如果是「二維空間」，動作會有左右、前後，卻不能「上下」移動，這種概念似乎只存在於一張張的紙上世界。順便來考考大家，假如在某個世界裡，只能定點不動的話，這個世界稱作幾維空間呢？答案是「零維空間」。當然目前還沒有證據可以證實這樣的世界是否真實存在，但是在概念上，可以推論出這樣的世界。

左右前後上下之外，另一個方向是什麼？

若要說明四維空間是個怎樣的世界，就是**有四種移動方向的世界**。總而言之，就是**除了「左右」、「前後」、「上下」之外，還存在另一種方向**。目前並不清楚，這樣奇妙的世界是否真實存在，不過至少在大學程度以上的數學，一般都會去探討四維空間的世界。不僅如此，還有五維空

間、六維空間，最後通常都會以N維空間（N＝0, 1, 2, 3, 4, 5, 6……）來表示。順帶一提，N是取自Number的第一個英文字，只要是整數，可以代入無限大的數字。利用數學規則，甚至能提出萬維空間或是多維空間的概念。

就像這樣，「維度」這樣的概念，詳細構造並不容易解釋清楚，不過有一本知名小說，卻用淺顯易懂且有趣的方式，充分運用了這個概念，這本書就是埃德溫・艾博特（Edwin Abbott Abbott）於19世紀著作的中篇小說《平面國》（*Flatland: A Romance of Many Dimensions*）。

在二維空間的平面國裡，住著三角形、四角形、五角形等各種形狀的國民，並依照形狀分成幾個階級，愈多角的形狀社會地面愈高，例如四角形優於三角形、五角形高於四角形。另外階級最高的國民，則是圓形，這是因為隨著角度愈多，圖形也會趨近圓形的緣故，因此最高等級的國民為圓形。

某日，小說中的主角四角形，遇見了來自三維空間「空間國」的訪客「球」，但是主角並不知道球是來自異世界的訪客，以為他是最高階級的「圓」。居住在二維空間的主角，並不認識三維空間的球，所以才會以為是球二維空間呈斷面的「圓」。

於是球向主角解釋，「三維空間就是除了前後、左右之外，還能往上下移動」，可是主角還是無法理解，甚至反問球：「你口中的『上』和『下』是什麼意思？既然能朝這些方向移動的話，請你具體指出這些方向。」球面對這個提問感到不知所措，因為即便球指出了上和下的方向，居住在二維世界裡的主角，還是無法分辨。

正如同二維世界裡的居民完全無法想像三維世界一樣，居住在三維世界裡的我們，同樣無法想像四維世界的模樣。這樣說來，人類不就對四維世界一無所知，只能舉手投降了？事實並非如此。數學家們針對四維世界的「形狀」，也總結出了許多論點。

四維世界的「形狀」概念

話說回來，該如何解釋四維世界的「形狀」呢？我們對於零維（點）、一維（直線）、二維（面）、三維（立體）的世界，都還能想像得出來，所以或許可藉由解析三維世界的「形狀」特性，掌握到一些關鍵點。

舉例來說，現以立方體來思考看看（圖表1-s），立方體有8個頂點、12個邊、6個面。

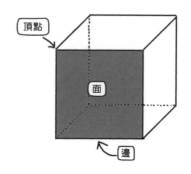

圖表1-s　立方體

(T)

其次再來想想看二維世界的情形，相當於立方體的形狀為正方形，有4個頂點、4個邊、1個面（正如同圖表1-t的正方形）。

圖表1-t　正方形

(T)

依照相同要領，再來思考一下一維世界的情形，一維世

界會變成單純的直線，因此有左右端２個頂點、１個邊（正如同圖表1-u的直線）。

───────────

圖表1-u　直線

(丅)

最後來談談零維世界的情形，解析至此，就會變成只有１個點，所以有１個頂點（即為點本身），並沒有邊或面。

將上述內容總結成表格後，如下表所示：

維度	名稱	頂點數量	邊的數量	面的數量
零維世界	點	1		
一維世界	直線	2	1	
二維世界	正方形	4	4	1
三維世界	立方體	8	1 2	6

圖表1-v　圖形在不同維度世界裡各有幾個頂點、邊、面（１）

(A)

參考完上表，大家有看出哪些規則性了嗎？首先來看看**頂點的數量，每次往上增加一個維度，頂點的數量就會從1→2→4→8，變成2倍**。現在將立方體擴張至四維空

間的形狀，稱之為「**超立方體**」，此時四維空間的超立方體，頂點數量將會變成8×2，共16個。

如何增加圖形的維度？

為什麼頂點的數量會變成2倍呢？為了解釋這點原因，可以透過遊戲的方式來解釋——從點畫出直線，再從直線畫出正方形，從正方形畫出立方體，邊畫邊思考便容易理解了。請參閱次頁圖表1-w，從點要畫出直線時，往點的橫向移動後，畫出另一個點，接著將畫線與原先的點連起來就行了。

從直線要畫出正方形時，往直線的縱向移動後畫出另一條直線，再畫線將原先直線的頂點與新直線的頂點連起來，即可完成正方形。要畫出立方體時，往正方形的上方（和紙面呈垂直的方向）移動後複製相同的正方形，再畫線將原先正方形的頂點與新正方形的頂點連起來便完成。

就像這樣，**要使圖形增加一個維度時，將圖形往新的方向移動後複製圖形，並畫線將原先的圖形與新圖形的頂點連起來就行了**。因此頂點的數量，會變成原先圖形的頂點數量，加上新圖形的頂點數量，也就是說，會變成原先圖形的2倍。

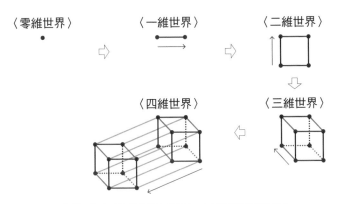

〈零維世界〉　　　　〈一維世界〉　　　　〈二維世界〉

〈四維世界〉　　　　〈三維世界〉

註）第四個方向無法在紙上畫出來，因此隨意畫成斜前方。

圖表1-w　如何增加圖形的維度

（A）

　　依照相同要領推敲之後，邊的數量會變成上一個維度的2倍加上頂點的數量。第一步會先複製原先的圖形，因此這時候邊的數量會變成2倍。

　　接下來，須畫線將原先圖形的頂點與新圖形的頂點連起來，這時候所畫的線，由於是從原先圖形的所有頂點，朝向新圖形的頂點畫線連過去，因此數量會和原先圖形的頂點數量一致。

　　關於面的部分，也能夠用相同邏輯來思考。複製原先的圖形時，面的數量會變成2倍，接著再將頂點與頂點連起

來，因此原先圖形有幾個邊，就會另外產生幾個面。總而言之，面的數量等於上一個維度面的數量乘以2加上邊的數量。

化繁為簡後，圖形的頂點、邊、面的數量，可依照下列公式計算出來：

- 頂點的數量＝上一個維度頂點的數量×2
- 邊的數量＝上一個維度邊的數量×2＋上一個維度頂點的數量
- 面的數量＝上一個維度面的數量×2＋上一個維度邊的數量

接著依照這個規則，推算一下四維空間的情形，應該會變成下表這樣：

維度	名稱	頂點數量	邊的數量	面的數量
零維世界	點	1		
一維世界	直線	2	1	
二維世界	正方形	4	4	1
三維世界	立方體	8	12	6
四維世界	超立方體	16	32	24

圖表1-x　圖形在不同維度空間裡各有幾個頂點、邊、面（2）

（A）

由此可知，四維空間的超立方體，有16個頂點、32個邊以及24個面。現實中根本難以想像，但是在運用三維空間的圖形規則後，還是能分析出四維空間形狀的各項細節。就像這樣，**由目前已知的具體範例，推算出一般規則的方法，便稱作「歸納法」**。

套入上述公式後，事實上也能計算出五維空間、六維空間以及多維空間中，超立方體擁有幾個頂點、幾個邊、幾個面。一旦了解規則後，再套用固定公式，就能全部計算出來。

有些人認為，「即便知道有幾個邊、幾個面、幾個頂點，感覺還是很不切實際」。因此接著就來為大家介紹，四維空間的圖形外觀會是如何。

《平面國》的主角曾將球誤認為「圓」，三維世界的我們也是一樣，並無法直接辨識四維空間，因此**將四維圖形的斷面視為三維圖形**，以斷面來呈現的話，我們就能藉此加以辨識了。另外**也能聯想成光線照射在四維圖形時所形成的影子**，舉例來說，四維空間的超立方體，其斷面就像次頁圖表1-y所呈現的模樣。

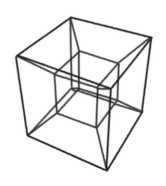

圖表1-y　四維空間超立方體的斷面

(T)

　　這個圖形類似立方體的中間還存在一個小的立方體，究竟為什麼會變成這樣的圖形呢？不如以三維空間來類推看看，假設現在有一個用筆直鐵絲組成的三維立方體，在這個立方體的下方鋪上白紙，再從正上方以光線照射之後，紙上會映照出怎樣的影子呢？應該會如圖表1-z這樣，映照出正方形中間還存在小正方形的影子。立方體接近光線的那一面會映照出大正方形，距離光線較遠的那一面則會映照出小正方形。

　　三維立方體的影子，如果呈現出大正方形中間存在小正方形的圖形，推算之下，四維超立方體的影子，似乎會變成大立方體中間存在小立方體的圖形。而且，事實上結果正是如此。

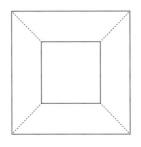

圖表1-z　從三維立方體的「上方」照射光線之後……

（A）

　　和立方體的情形一樣，想想看在四維超立方體的「上方」照射光線之後，會形成什麼樣的影子呢？不過這裡所指的「上方」，意指四維的方向，這樣一來，將映照出三維空間的「影子」。這個影子，在超立方體接近光線的那一側會映照出大立方體，離光線較遠的那一側會映照出小立方體，所以會變成類似圖表1-y這樣的圖形。

　　就像這樣，按照邏輯思考過後，就能逐一闡明超乎正常觀念的世界會是如何。自然科學得以釐清宇宙的起始、生命的誕生，諸如此類難以想像的世界奧祕，也全是依據邏輯才得以闡明。

〈丁〉

人類從很早開始，就已在使用數字解析這個世界。

各種形式的數字，撐起現代文明一片天地，

包含0或1這類大家都不陌生的數字，

還有只能以分數表示的數字，

甚至於乘以2次後會變成負數的奇異數字。

科學家用數學語言解釋自然規則。

例如東西丟擲出去，

會沿著二次方程式所描繪的拋物線往前飛；

河流的水，

則是依照納維－斯托克斯方程式流動著；

太陽周圍的時空，

總是依照愛因斯坦重力場方程式的計算在彎曲；

由智慧型手機發射出來的電磁波，

通常按照馬克士威方程式的推算，

朝著基地台傳送。

最前端的物理學，甚至還衍生出算式，

記述宇宙的始末。

為什麼萬事萬物皆能置換成「數字」，

都能用算式來說明一切呢？

世界上沒有任何人，知曉這個答案。

唯獨畢達哥拉斯的直觀，

「萬物皆數」這個道理在在不容置疑。

本章探討主題，正是神祕莫測、偉大無敵的「數字」。

2-1.

花瓣的數量
藏著神祕規則？

〈下〉

話說「花瓣和樓梯」，兩者間有什麼共同點呢？看似一點關係也沒有，其實都是遵照相同的數學規則。

先來看看樓梯的部分。假設你要爬上第5階樓梯，此時可用兩種方式上樓，你可以1階1階往上爬，也能一次爬2階。但是要爬上第5階樓梯時，有幾種方式可以運用呢？這個問題非常有名，不時出現在大學入學考試當中。

解題的技巧，並不是設法如何一口氣爬上第5階，而是從第1階樓梯開始思考。

爬上第1階樓梯的方法，當然只有1種。要爬上第2階樓梯的話，可以從第1階開始往上爬，另外也能一口氣爬2階，所以是1＋1＝2，共有2種方法。若要爬到第3階，除了從第2階開始往上爬之外，還能從第1階一口氣往上爬2階樓梯，所以共有「（爬到第1階的方法：1種）＋（爬到第2階的方法：2種）＝3種」。像這樣依序計算之後，結果會如下述所示：

第0階：1種
（還沒有開始往上爬樓梯，因此視為1種）
第1階：1種
第2階：1＋1＝2種
第3階：1＋2＝3種
第4階：2＋3＝5種
第5階：3＋5＝8種

也就是說，將前2階的答案相加之後，就能算出接下來的答案。如此想來，感覺上計算起來並不困難。順便告訴大家，爬上第6階樓梯的方法，為5＋8＝13種。

就像這樣，**一開始從兩個相同的1作開頭，接下來的數字則是將前2個數字相加——**

1, 1, 2, 3, 5, 8, 13, 21, 34, 55, 89, ……

這些數字便稱作「**斐波那契數列**」。斐波那契數列自從在義大利數學家，斐波那契所著的《計算之書》（*Liber Abaci*）中作過介紹之後，開始廣為人知。

話雖如此，斐波那契數列並非由他本人所提出，當時斐波那契數列在阿拉伯世界已經為人知曉，只是並未流傳到西方世界。

斐波那契的父親古列爾莫是名商人，他帶著他的兒子四處行商。某一天，斐波那契的父親因為工作的關係，開始定居在阿爾及利亞的貝加亞，因此他才有機會學習到當時最頂尖的阿拉伯數學。他發現當時的阿拉伯數學比歐洲數學更為先進，於是便遊覽了地中海沿岸，探訪一位位的數學家，他從這些數學家身上學到的阿拉伯數學體系，後來全部記載於《計算之書》中。其中當然也包含了斐波那契數列的知識，因此最先提出斐波那契數列概念的頭號人物究竟是誰，目前仍是個未知數，不過後來卻是由斐波那契推廣開來，因此一般才稱作斐波那契數列。

大自然的斐波那契數列

斐波那契數列，可在大自然的各個角落發現蹤跡，例如**花瓣的數量，大多是3片、5片、8片、13片……，以斐波那契數列作呈現**。比方說櫻花有5片花瓣，波斯菊有8片花瓣，而這兩種花朵的花瓣數量，皆符合斐波那契數列的規則。

櫻花（5片）　　　　　　　波斯菊（8片）

圖表2-a　花瓣的數量

© 朝日新聞社

另外還發現，運用斐波那契數列繪製而成的圖形，具有令人意想不到的特性，現在就來看看最具代表性的「**黃金螺線**」。

首先畫出以斐波那契數列作為邊長的正方形，再將正方

形以螺旋狀逐一排列，例如 1 × 1、2 × 2、3 × 3、5 × 5、8 × 8、13 × 13、21 × 21……。然後將這些正方形的對角逐一連起來，就變成黃金螺線了（圖表2-b）。

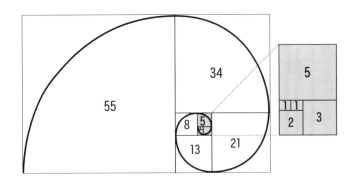

圖表2-b　黃金螺線

(A)

利用這種規則畫出來的螺線，與大自然常見的螺線十分相似，諸如砂漠中多肉植物葉子展開的模樣、松毬鱗片的排列方式、向日葵種子的配置、鸚鵡螺的外殼。在大自然裡頭，有許多東西都是像這樣，依據斐波那契數列所形成（圖表2-c）。

圖表2-c　按照斐波那契數列所形成的松毬（左）與多肉植物
　　　　多葉蘆薈（右）

（左）©MyLoupe　（右）©DEA / RANDOM

　　但是仔細觀察黃金螺線後，會發現黃金螺線存在於長方
形之內，這個長方形便稱作**黃金長方形**。黃金長方形的邊
長，通常是相鄰的斐波那契數列，例如像是55×89。將
正方形不斷地拼湊起來，就能組成無限大的黃金長方形，
如果能夠完成一個超級大的黃金長方形，再從遠方眺望，
肯定會看見非常美妙的圖形，因為這個長方形的邊長比例
會呈現$1：1.618$的結構，這在人類眼中可是非常美妙的
「黃金比例」。

　　黃金比例可以依照斐波那契數列創造出來。但若要詳細
解釋起來艱深難懂，在此不作說明，不過相鄰的斐波那契
數列，其比例將會逐漸接近黃金比例。現在馬上來實際驗
證看看。

$2 \div 1 = 2$

$3 \div 2 = 1.5$

$5 \div 3 = 1.667$

$8 \div 5 = 1.6$

$13 \div 8 = 1.625$

$21 \div 13 = 1.615$

$34 \div 21 = 1.619$

$55 \div 34 = 1.618$

......

接下去，比例會維持在接近1：1.618。黃金長方形，是以相鄰的斐波那契數列作為邊長，因此長方形愈大的話，各邊比例將會愈接近1：1.618。

在設計業界，十分重視黃金比例的問題。昔日吉薩的金字塔以及帕德嫩神廟，也是運用了黃金比例設計而成；現在像是推特或是百事可樂的商標，還有網頁及廣告設計等等，也都廣泛運用到黃金比例。像是鸚鵡螺的外殼，依照黃金比例或是斐波那契數列的形狀，在自然界裡屢見不鮮，或許也是因此，才會讓我們直覺地認定這樣的形狀才美麗。

植物的葉子如何著生排列

最後這個主題有些難懂，要來談談**植物葉子的著生排列方式，其實同樣也依照了斐波那契數列的規則**。植物的葉子通常會繞行莖部周圍依序著生排列，繞行莖部幾圈後，從正上方俯視，會發現和下方葉子開始重疊。因此，植物葉子的著生排列方式會依照「**葉序**」作分類，也就是**第幾片葉子繞行莖部幾圈後，會和下方葉子重疊**。

舉例來說，倘若有2片葉子彼此反方向著生排列，新長出2片葉子會繞行莖部1圈後，和下方葉子重疊，這種情形便稱作「1/2葉序」，例如禾本科植物的葉子著生排列方式，就會呈現1/2葉序。稍微複雜一點的情況，像是長出5片葉子後，在繞行莖部2圈的地方開始出現重疊時，就是「2/5葉序」，譬如鐵莧菜，就是2/5葉序的植物之一。

其他還有3/8葉序（反枝莧）、5/13葉序（加拿大一枝黃花）等植物，目前出現的1、2、3、5、8、13這幾個數字，皆為斐波那契數列。正如大家所理解的一樣，將植物以「○／□葉序」加以分類時，套入○和□當中的數字，一定會是斐波那契數列。正確來說，研究已經發現，一切都會遵照以斐波那契數列為基礎的「興柏‧布朗定律」。

而葉子的著生排列方式會遵照斐波那契數列，推測是因為如此一來**葉子才不容易重疊**，以便能有效照射到陽光。

　　除了本章節為大家介紹的內容之外，斐波那契數列還隱身在日常的各個角落。大家要不要試著找找看，潛藏在日常周遭的斐波那契數列呢？

2-2.

文明進步，「數字」
也跟著進步了？

隨著人類的進步，也衍生出各種「數字」，其中包含眾所皆知的數字，也有高等數學才有機會親眼目睹的數字。大家認識多少數字呢？想要了解「數字」的歷史，必須先來一探人類的歷史。

歷史最悠久的數字，是用來計算數目的數字，例如下述這些數字稱作「**自然數**」。

1, 2, 3, 4, 5, ……

「自然數」自人類上古時代一直使用至今，算是最容易讓人聯想到的數字。

單純計算數目的話，自然數便綽綽有餘，但在文明進步之後，開始在不同用途上，都會使用到數字。例如目前有向某人借款時，該如何表示呢？在數字前方加上用來表示不足的「–」符號，即可一目了然。早在7世紀左右的印度，就已經會用這樣的負數，表現借款的情形；甚至在西元前1世紀左右的中國文書典藉當中，也曾經出現過負數。一連串的正負數，可以寫成下述這樣：

……–3, –2, –1, □, 1, 2, 3, ……

但是上述的表現方式並不完整，□的地方還少了什麼？沒錯，就是「0」。

隨著社會文明進步，人口隨之增長，管理大規模事業與服務大量人口的需求開始因應而生。換句話說，使用到龐大數字的機會與日俱增，結果在計算好幾位數的龐大數字時，卻出現「沒有數字」的位數，於是也就衍生出不知道該如何記錄的問題。

在古巴比倫，沒有數字的位數通常會留白。大家不妨想像一下，「1　2」就是代表「102」的意思，但是每個人留白的方式不一致，因此容易產生混亂。以「1　2」為例，留白間隔較窄的人，記錄時就容易和「12」混淆。

「0」的誕生

歷經如此這般反覆摸索、不斷嘗試，若干文明一一獨立提出某些符號，好用來表示沒有數字的位數，所以才催生出現代所謂的「0」的概念。在西元前的巴比倫，曾經用刻在石板上的斜向楔形文字來表示零；馬雅文明使用貝殼圖案表示「0」；印加帝國則透過繩子打結的方式來傳達。只不過，這時候的「0」普遍未被視為一個數字；也就是說，一般人並不認為0可以像其他的數字一樣，可以加減乘除作計算，只當0是用來**表示「這個位數沒有數字」的一種記號**。

全世界第一個將0視為數字的人，據說是古印度的數學家，7世紀左右的印度數學家婆羅摩笈多，將0當作數字，探討將0和其他數字加減乘除的問題。隨著數字0被發明出來之後，除了可數的狀態（正數），以及不足的狀態（負數）之外，也能用數字表現出什麼都沒有的狀態（0）了。這項革命性的發明，後來歷經長久歲月，才從印度開始推廣至全世界。

可惜在歐洲，似乎還是有許多人無法接受零的觀念。比方說，我們到現代還是能在鐘面上看見標示的羅馬數字「I、II、III、IV、V……」，但是卻沒有任何一個羅馬數

字，能夠用來表示0，可見在古代歐洲人的世界觀中，並不認同0的存在。這也是因為古希臘哲學家亞里斯多德，其實是否定「無」的存在，而且他的這項觀點曾在中世紀歐洲和基督教融合，所以曾經有段時期認為，0既然意味著無，思考0的這種行為，本身就是對神的一種冒瀆。

當然在現代，所有的文明圈都認同0的存在。截至目前為止，所有出現過的數字，統稱作「整數」。

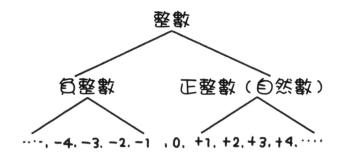

圖表2-d　整數

（丁）

表示物體的個數或金錢時，包含不足的狀態以及什麼都沒有的狀態，都能夠使用整數表現出來，但是單憑這些仍不足以滿足社會所需，例如重量又該如何表示呢？非常輕的物體要表示重量時，就需要比1還小的數字，在這時候最常運用到的，就是分數或小數。而在古巴比倫，一直

都是使用60進位的小數；在印度及中國等亞洲地區，發現自古以來一直都有使用小數的文獻紀載；歐洲則是長年僅使用分數，直到17世紀之後，才終於開始使用小數。

1、2、3……，這些分散開來的數字，多虧兩個數字中間發明了小數及分數，才得以連續不斷。整數和位於整數之間的數字，統稱作「實數」。

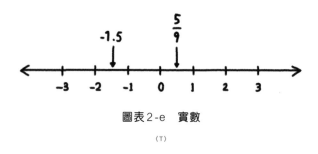

圖表2-e　實數

〈下〉

順便告訴大家，在實數當中還存在可用小數表示出來，卻無法以分數呈現的數字，而且為了加以區分，**可用分數表示的數字稱作「有理數」，無法用分數表示的數字稱作「無理數」**。舉例來說，圓周率 π 已經證實是無法用分數表示的無理數，其他還有乘以2次會變成2的數字 $\sqrt{2}$，同樣乘以2次會變成3的數字 $\sqrt{3}$，以及微積分中相當重要的數學常數（會用e這個字來表示）等等，都屬於無理數。有關無理數的話題，將於下一節再行詳細說明。

怪異的虛數「i」

由此看來，數字的世界有無限可能，確實會令人雀躍不已……，卻沒料想，接下來竟然出現這怪異的數字「i」。負負得正，因此在實數的範圍內，並不存在乘以2次之後會變成負數的數字，可是沒想到，i竟然**乘以2次後會變成-1**，也能用數學符號「$i=\sqrt{-1}$」來表示。**√這個符號，意指乘以2次後會變回原先的數字**，例如「$\sqrt{2} \times \sqrt{2} = 2$」、「$\sqrt{5} \times \sqrt{5} = 5$」。

$$i \times i = -1 \Leftrightarrow \text{也能寫作} i = \sqrt{-1}$$

提出 i 這個神奇數字的人，是16世紀的歐洲人，最初出現在義大利數學家**卡爾達諾**於1545年出版的《大技術》(*Ars Magna*) 一書當中。他在著作裡，發表了三次方程式的解法。所謂的三次方程式，就是像 $ax^3 + bx^2 + cx + d = 0$ 這樣的算式，他將如何解出 x 這個數字的公式，發表於書中。

後來發現，想要解開三次方式程式以求得三個實數，計算過程一定會出現「乘以2次等於-1的數字」，也就是 $\sqrt{-1}$，因此大家才勉強認同 $\sqrt{-1}$，後來寫成「$i=\sqrt{-1}$」。i 取自「imaginary number」的第一個英文字，意指「想

像中的數字」，帶有實際上並不存在，卻必須導入這個數字的無奈感，並將 i 取名作「**虛數單位**」。「虛」這個國字，給人一種這個數字實際上並不存在的感覺。

單憑上述說明想必不容易理解，現在來為大家具體舉例說明。接下來要介紹的例子，曾在 16 世紀數學家邦貝利的著作中探討過，首先來思考一下下述的三次方程式。

$$x^3 - 15x - 4 = 0$$

這個方程式的其中一個解答，為 $x = 4$，實際上用 4 取代 x 計算之後，就能得到下述結果：

$$4^3 - 15 \times 4 - 4 = 64 - 60 - 4 = 0$$

對數字十分敏銳的人，或許能直覺解出 $x = 4$，不過能憑直覺解開三次方程式，其實只是偶然。比方說以這個例子來說，除了 $x = 4$ 之外，答案還有 $-2 + \sqrt{3}$ 與 $-2 - \sqrt{3}$，總共有三個解答，單靠直覺要想出來，實在難如登天。但是使用卡爾達諾的公式，就能確實算出所有三次方程式的解答，所以運用卡爾達諾的公式，才是解題的根本之道。接著就來使用卡爾達諾的公式，為大家解釋如何算出 $x = 4$ 這個解答。

依據卡爾達諾的公式，會變成下述這樣的算式：

$$x^3 - ♤ x - ◇ = 0$$

♤ 與 ◇ 當中，會填入某些實數。這套公式的其中一種解答如下：

$$x = \sqrt[3]{◇/2 + \sqrt{(◇/2)^2 - (♤/3)^3}} + \sqrt[3]{◇/2 - \sqrt{(◇/2)^2 - (♤/3)^3}}$$

順便說明一下，$\sqrt[3]{☆}$ 代表乘以 3 次後會變成 ☆ 的數字，$\sqrt[3]{☆}$ 的唸法，也讀作「☆ 的立方根」。舉例來說，將 2 乘以 3 次後會變成 8，因此 $\sqrt[3]{8} = 2$，也能換句話說「8 的立方根為 2」。

在上述範例中，可知 ♤ = 15、◇ = 4，因此直接代入計算後，結果如下：

$$x = \sqrt[3]{2 + \sqrt{-121}} + \sqrt[3]{2 - \sqrt{-121}}$$

最後會出現 $\sqrt{-121}$ 這個數字。$\sqrt{-121}$ 乘以 2 次後會得到 -121 這個數字，而且 $\sqrt{-121} = \sqrt{-1} \times \sqrt{121} = i\sqrt{121}$，所以也能寫作下述這樣：

$$x = \sqrt[3]{2 + i\sqrt{121}} + \sqrt[3]{2 - i\sqrt{121}}$$

就像這樣，使用公式解答後，最後將出現虛數單位 i。雖然看不太懂，事實上這個公式運用數學規則進一步計算之後，在公式當中的 $i\sqrt{121}$ 會完成消失，變成「$x = 4$」，可是在求得最終答案 $x = 4$ 的過程中，避不掉內含 i 的運算。總之就像這樣，**想要算出三次方程式的解答，就會出現虛數單位 i。**

雖然有些離題，不過發現卡爾達諾公式之人，其實並非卡爾達諾，傳聞是同為義大利數學家的尼科洛．豐坦納（通稱塔爾塔利亞）這號人物。卡爾達諾聽說塔爾塔利亞找到了解開三次方程式的公式，於是不厭其煩一再討教，耐不住請求的塔爾塔利亞，後來在卡爾達諾發誓「保密」下，偷偷告訴他解法，沒想到卡爾達諾竟然將這個公式發表於自己的著作當中。塔爾塔利亞雖然震怒，但是在日後的數學計算中，甚至時至今日，三次方程式的解法還是被稱作「卡爾達諾公式」。

i 能夠像普通數字一樣加減乘除，甚至應該這麼說，必須將 i 定義成能夠像普通數字一樣計算，否則便無法順利解開三次方程式，因此才會在數學發展的歷史潮流中留下如此的定義。

i 乘以數倍變成4i、5i這樣的數字，再加上實數之後，就會變成「4＋4i」這樣的「**複數**」。複數是以「○＋□」的形式作呈現，因此除了表示實數部分的數線之外，並沒有代表虛數部分的數線，也無法表示出來。因此複數就是用橫軸上的點代表實數、用縱軸上的點代表虛數。

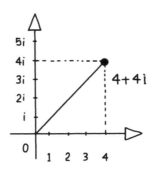

圖表2-f　複數

　當初就連數學家，也不認同複數的概念，還批評「不可能存在如此怪異的數字」。但是後來發現，複數不管在數學或是物理學的領域，都發揮了重責大任，於是才會逐漸深入人們的認知當中。

物質的複數波動特性

　　舉例來說，屬於現代物理學一大基柱的量子力學，顯示出物質具有**複數波動**。物質具有波動性的部分，已經透過「**雙縫實驗**」（圖表2-g）獲得證實。在這項實驗中，使用了電子這種組成物質的基本粒子，一開始必須準備2片切出細長縫隙的薄板，並將電子朝著薄板發射，結果發射出去的電子會通過縫隙，照射到薄板後方的攝影膠片上，使照射到的部分變白感光。發射數次電子之後，令人不可思議的是，竟然出現電子照射理想的部分與不理想的部分，結果攝影膠片上顯現出條紋圖案（圖表2-h），而這種條紋圖案，就是因為物質（電子）波從2片薄板通過後，相互干涉所產生。科學重視實驗，所以既然能用實驗顯示出波動的特性，即便在腦海中難以想像，還是將物質視為具有波動性。

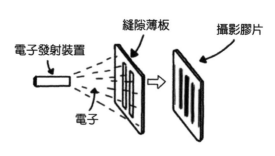

圖表2-g　雙縫的實驗裝置

（T）

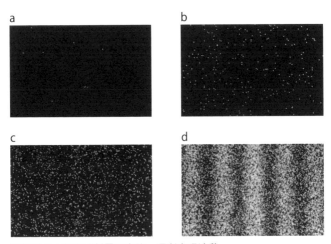

實驗結果：數次發射電子之後，逐漸出現波動
（時間經過順序為a→b→c→d）

圖表 2 -h　雙縫實驗的結果

提供：日立製作所

　　若要解釋為什麼會變成「複數」的波動，就像在說明自然現象一樣，只能從原理面進行解說。其實只要將物質認定為複數的波動，就能非常正確地預測出許多實驗結果。還有在智慧型手機以及微波爐等方面運用到的電磁場，同樣將物質視為複數的波動，就能以數學規則說明電磁場的特性。詳細內容偏向專業知識，在此省略不談，總之當物質具有波動性質時，依照數學的說法，就是具有「U（1）對稱性」。

試著用數學公式計算之後，會發現這種U（1）對稱性會衍生出電磁場。一聽到「電磁場」，好像十分艱深難懂，其實用於手機或是廣播通信的「電波」，也是屬於電磁場的一種，於現代文明中不可或缺。

假使物質不具有複數波動，電磁場並不存在，手機以及廣播應該也不會被發明出來了。

雖然複數的波動在人類腦海中難以想像，但是這種概念經計算後，與實驗結果如出一轍的話，最終只能認同物質具有複數波動。複數是難以想像的數字，不過對於理解大自然的構造，卻是大有幫助。

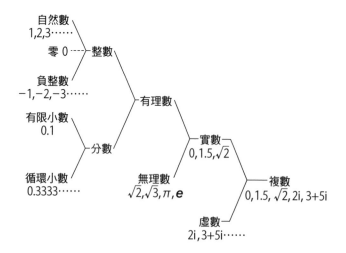

圖表 2-i　各種數字

〈A〉

現代對於複數的見解愈來愈不設限，甚至研究到四元數、八元數等體系，發展至此，已經過於複雜而無法用數線或平面來表示，這部分一般稱作「超複數」，沒在大學專攻數學的人，相信沒機會見過。

　　人類一直思前想後，將「數字」的世界發展至此，今後「數字」的世界，究竟是會愈走愈寬廣，還是就此劃下休止符呢？不知道大家有何看法？

2-3.

有人發現
「無法以分數表示的數字」
竟命喪大海？

分數和小數算是有血緣關係，可用不同方式表示相同的數字，譬如0.5也能寫成$\frac{1}{2}$，0.3333……也可寫作$\frac{1}{3}$，但是並非完全沒有例外，其實有些數字無法以分數表示出來，大家知道是什麼數字嗎？

例如0.17839271這個數字，小數點以下幾位數便結束的話，可像$\frac{17839271}{100000000}$這樣，一定能改寫成分數；但是小數點以下無限延續時，這個字數便無法以分數來表

示了。進一步具體來說的話，能否用分數來表示，其實看小數點以下會不會出現循環數字就知道了。所以**能用分數表示的數字，就會出現循環小數**，例如像下述這樣：

$$\frac{1}{7} = 0.\underline{142857}\,\underline{142857}\,\underline{142857}\cdots\cdots$$

這時候「142857」會一直循環。

　　但是，另有一些數字並不會出現循環小數，最為人所知的，就是「圓周率」，也就是圓的直徑與圓周的比。大家知道圓周率可以延續到幾位數嗎？順便告訴大家，作者我靠順口溜背到了40位數（雖然沒什麼幫助），若將40位數全部寫出來的話，會像下述這樣，看不出有循環小數。

$$\pi = 3.1415926535897932384626433832795028841971\cdots\cdots$$

　　事實上，就算電腦可以計算到幾億位數、幾十億位數，也不會出現循環小數。同理可證，$\sqrt{2}$（乘以2次後會變成2的數字）也是如此。順帶一提，一開始的幾位數會是 $\sqrt{2} =$ 1.41421356……，但是最後並不會出現循環小數。目前已知，**像這樣小數點以下無限延續，又不會出現循環小數的數字，無法用分數表示出來**，因此被稱作「**無理數**」，

或許要方便記憶的話，也可以總結成：無法以分數表示的數字就是無理數。

證實無法以分數表示出來

但是說到無法以分數表示的數字，大家還是很難具體想像，例如下述數字：

14／10（＝1.4）, 141／100（＝1.41）,
1414／1000（＝1.414）, 14142／10000（＝1.4142）,……

努力讓分數一步步接近$\sqrt{2}$，不過感覺最後似乎就會等於$\sqrt{2}$，然而為什麼最終還是認同無法用分數表示呢？

說實說，假設$\sqrt{2}$可用分數表示，加以計算後會發現，結果變得十分詭異。現在馬上來為大家證實這一點。假如$\sqrt{2}$可以寫成分數，像下述這樣：

$$\sqrt{2} = \frac{\bigcirc}{\square}$$

先假設○和□其中一方為奇數，或是兩者皆為奇數。因為假使○和□同為偶數的話，分別除以2之後，就會形成

「其中一方為奇數，或是二者皆為奇數」的狀態，所以從一開始，便設定○和□「其中一方為奇數，或是二者皆為奇數」。

這時候，將左邊乘以$\sqrt{2}$，右邊乘以$\dfrac{○}{□}$（$=\sqrt{2}$）。左右兩邊變成$\sqrt{2}$倍，因此可以保持相等關係，結果如下所示：

$$2 = \dfrac{○}{□} \times \dfrac{○}{□}$$

將兩邊乘以□×□倍後，結果如下所示：

$$2 \times □ \times □ = ○ \times ○$$

現在請大家仔細觀察這個算式。由於左邊乘上了2，所以右邊的「○」理應為偶數，如此一來，奇數×奇數結果必然是奇數，所以○就會變成偶數。也就是說，可以使用某個自然數△，寫成「○＝2×△」，結果會像這樣：

$$2 \times □ \times □ = (2 \times △) \times (2 \times △)$$

將這個算式的兩邊除以2之後，結果就變成這樣：

$$\square \times \square = 2 \times \triangle \times \triangle$$

最後套用方才相同的邏輯，□也會變成偶數。但是這樣就會導致矛盾，一開始是以「其中一方為奇數，或是二者皆為奇數」作為前提，沒想到最後結論卻變成「○和□皆為偶數」。

究竟為什麼會產生這樣的矛盾呢？這是因為「$\sqrt{2}$可用分數來表示」此一前提假設根本有誤，始於錯誤的前提，當然會導向矛盾的結果。就像這樣，**刻意以錯誤的前提為出發點，接著推理出矛盾的結果，證明假設有誤的推演方法，便稱作「反證法」**。無理數無法以分數表示出來，這並不是因為沒有盡全力以分數呈現出來，而是當中存在著數學的真理。

畢達哥拉斯的矛盾

發現無理數的人是古希臘的一群數學家，但是古希臘最具代表性的數學家——偉大的畢達哥拉斯，卻不認同無理數此一概念。畢達哥拉斯在當時率領「畢達哥拉斯學派」鑽研數學，可是在畢達哥拉斯學派的教義當中，主張所有數字皆可用分數來表示，至於像$\sqrt{2}$這樣的無理數，只能視之為例外。有此一說，據說當時發現無理數的學派成員

不僅受到畢達哥拉斯排擠，甚至還被推落大海死於非命。這個傳聞年代已久，也沒有留下任何文獻紀錄，似乎也難以判定是否為史實。

諷刺的是，畢達哥拉斯親自求證的「畢式定理」，套用在簡單的情況下，竟然出現他最排斥的無理數。舉例來說，將畢式定理套用於正方形，結果如下：

（對角線的長度 $)^2 = ($ 邊長 $)^2 + ($ 邊長 $)^2 = 2 \times ($ 邊長 $)^2$

結果變成這樣：

對角線的長度 $= \sqrt{2} \times$ 邊長

所以像是如此簡單的圖形，當中同樣隱藏著無理數。

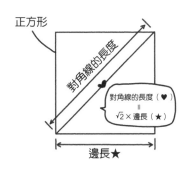

正方形

對角線的長度

對角線的長度（♥）
＝
$\sqrt{2} \times$ 邊長（★）

邊長★

圖表 2-j　畢式定理

補充說明，無理數除了 $\sqrt{2}$ 與 π 之外，無法計量的無理數數量之多，簡直無窮無盡。其中大家最為熟悉的，莫過於 $\sqrt{3}$ 和 $\sqrt{5}$ 也同屬於無理數的一員。另外，在微積分學以及機率論等多個領域中，地位舉足輕重的「數學常數」（e = 2.71828……），也是無理數之一。

這裡穿插個題外話，其實還有一種奇妙的數字，目前仍無法確定是屬於有理數還是無理數，這個數字叫作「歐拉-馬斯刻若尼常數」。這個常數和微積分有關係，目前所知數值約為 0.5772156649……。

數學的歷史發展至今，仍然沒有一種萬能的方法，可以用來判別一個數值是有理數或無理數，數學家只能針對每個數字逐一證實。至於歐拉-馬斯刻若尼常數，目前還找不到任何方法加以證明。順帶一提，現在已經有辦法證明圓周率和數學常數了，但是過程比 $\sqrt{2}$ 還難，必須具備微積分的知識。另外歐拉-馬斯刻若尼常數，一想到至今仍沒有人能夠成功證實是有理數或無理數，這也代表過程肯定比 $\sqrt{2}$、圓周率、數學常數更加困難。

實數可分成有理數和無理數，也就是說，一個數值非有理數即為無理數。另外在 CHAPTER. 4「龐大的數字」中會加以說明，其實在所有的實數當中，無理數可是要比有

理數來得多很多，因此據說歐拉－馬斯刻若尼常數，恐怕也是無理數之一。通常不知道如何歸類時，往往都會認定是屬於多數的那一方，但是只要未經確證，便無法斷定。假使能夠證明歐拉－馬斯刻若尼常數為無理數（或是有理數），你肯定能名留數學史，有興趣的人，請務必仔細詳閱數學書籍當中的定義，快來挑戰看看吧！

2-4.

古希臘人用日晷儀和駱駝測量地球有多大？

長大成人後依舊好奇心旺盛的人，難免被周遭另眼相看，西元前3世紀左右的希臘學者——**厄拉托西尼**（Eratosthenes）也是其中一人，甚至被身邊的學者友人取了一個「β」的別名。β為希臘字母，相當於英文字母B，用來諷刺他與A咖柏拉圖這類的一流學者相比，永遠只能屈居第二。因為他的研究主題背離當時的主流趨勢，興趣廣泛，任何主題無不躍躍欲試。

除此之外，他還開始口出驚人之語，表明想要「測量地球有多大」。當時希臘的科學非常進步，已經有許多人明白地球是圓的，但是還沒有人會想要進一步去測量地球的實際大小。

於是，厄拉托西尼提出一個想法，他認為**或許可以利用太陽照射物體所形成的投影，來測量出地球的大小**。當時他以當時埃及的亞歷山大港為活動據點，再加上他原本就是賽伊尼（現今亞斯文的舊名）人；大家都知道亞斯文位在亞歷山大港的南方，每到夏至這一天正午，太陽就會來到這座城市的正上方，因此就算是是深不見底的井，水面依舊清晰可見。

圖表2-k　亞歷山大港與亞斯文的位置

〈A〉

於是他為了了解自己目前居住的亞歷山大港，太陽的位置落在何處，因此嘗試在夏至正午測量晷影器（日晷上垂直地面立起的裝置）的影子長度。透過影子的長度推算之後，發現太陽並非位於正上方，而是落在傾斜7.2°的位置。

也就是說，在同一天的同一時間，太陽在亞斯文是位於正上方，但在亞歷山大港則是位在距離真上方傾斜7.2°的位置。

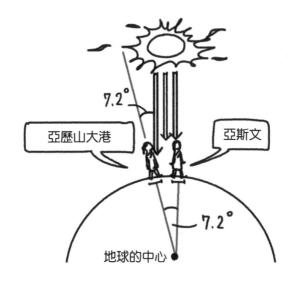

圖表2-1　亞歷山大港、亞斯文和太陽的相對位置
〈T〉

所謂傾斜7.2°的差距，這代表什麼意思呢？參考上方簡易的示意圖，就會發現亞歷山大港與亞斯文的相對位置；若是以地球為中心點來看，可以視為這兩個地點間隔7.2°（圖表2-1）。7.2°角是整個圓360°的五十分之一，於是厄拉托西尼便由此推斷，地球的周長應為亞歷山大港至亞斯文50倍的距離。

以駱駝步行距離為參考依據

　　當時大家都知道一件事，從亞歷山大港至亞斯文，騎駱駝得花上50天。駱駝一天大約前進100斯塔德（希臘當時的長度單位），因此他推估亞歷山大港至亞斯文距離5,000斯塔德（約924公里）。由此可知，地球周長為這段距離的50倍，因此周長如下所示：

　　5000斯塔德×50＝250,000斯塔德（約4萬6千公里）

推算出地球一周為4萬6千公里左右。

　　現在我們透過精密的科學儀器測量，已經知道地球赤道長約4萬77公里。和現代正確的數據相比，厄拉托西尼的計算當然會存在誤差，排除測量工具等外在因素，他在計算地球周長時，心中早已預設一大前提──即亞斯文位於亞歷山大港的正南方。可是事實上，亞斯文卻是位在亞歷山大港稍微偏東南方的位置。

　　再者，亞歷山大港至亞斯文的距離，也是依據駱駝商隊花費50天移動的經驗法則來計算，屬於粗估的數據。儘管如此，厄拉托西尼最後推估出來的數字依然相去無幾，實在驚為天人。

除此之外，厄拉托西尼還計算出太陽與地球的距離，並研究出「埃拉托斯特尼篩法」，可用來找出質數，豐功偉業無人不知、無人不曉；反觀許多在當時嘲諷厄拉托西尼是 β 的學者，如今卻無人名留青史。厄拉托西尼突破常規，充滿好奇心、勇於多方嘗試的生活態度，似乎也為現代的我們帶來許多啟發。

2-5.

為什麼有些蟬
正好每隔13年、17年
才出現？

由日本知名數學家加藤和也教授作詞、作曲的「質數之歌」，開頭幾句是這麼唱的：とんからり　とんからりんりんらりるれろ。

所謂的質數，是除了1和該數字本身外，無法被整除的**自然數**，例如2、3、5、7、11⋯⋯。質數具有許多有趣的特性，昔日便有眾多數學家為其傾倒。不過大家知道除了數學家之外，腦容量極小的蟬，牠們在求生存時也採用了質數的概念嗎？

如此不可思議的蟬，棲息在美國東部及中部。通常一般的蟬出生後會馬上鑽入地下，在土中度過6至9年的時間，日後會在不同時間點破土而出，羽化成成蟲。但是這些棲息在美國的蟬十分奇妙，**會在地下蟄伏長達13年或17年，並在正好間隔13年、17年的時候，一塊破土而出**，接著再羽化成成蟲，鑽入樹幹發出響亮的叫聲。目前已知，生命周期為13年的蟬有4種、17年的有3種，13、17皆為質數，因此統稱為「**質數蟬**」，由於會周期性大量出現，因此也稱作「**周期蟬**」。

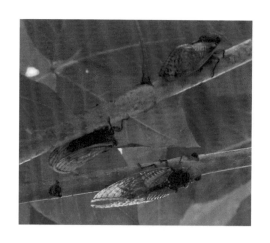

圖2-m　質數蟬

© 朝日新聞社

為什麼會在13年、17年如此固定的時間點一同出現，一直以來都是個不解之謎，不過日本人卻解開了這個祕

密。靜岡大學的吉村仁教授，回溯遠古時代的冰河期，研究蟬進化的歷史，才終於解開這個謎團。

質數蟬的祖先，原本和普通的蟬一樣，會等到自己身體完全長成後，才破土而出，並不會去估算同伴的時間，再一同出土。但是在**距今約莫180萬年前，冰河時期來臨，因而造成極大變化**。

質數蟬的祖先長年棲息的美洲大陸，大半地區一直覆蓋在冰河之下，極度嚴寒使得地下也結凍了，因此許多幼蟲來不及出土便死亡。幸好部分地區並未受到冰河侵蝕，當地動植物才得以倖存，而這類地區便稱作「**冰河避難所**」（refugium）。幸運棲息在這些地區的幼蟲，因此能免於一死，但是在低溫影響下，樹木根部養分劇減，吸收這些養分的幼蟲也變得生長遲緩。如今質數蟬的幼蟲期間長達13年、17年，就是由此而來。

話說回來，這些成長遲緩的質數蟬祖先雖然減緩營養消耗的速率，卻也面臨一大問題，那就是變成成蟲後，壽命僅剩2週左右，牠們必須在2週時間內找到另一半產卵，否則便會無法留下後代而嗚呼哀哉。可是住在地下的漫長歲月，再加上冰河時期同類數量急遽減少，因此破土而出又能剛好遇見對象的可能性，幾乎是微乎其微。

於是，才會自然而然將出土的周期一致化。老實說，也唯有和其他同類在同一個時間點破土而出，傳宗接代的機率才會提升，所以採取這種生活模式的蟬，才能生生不息。換句話說，經過固定時間再出土的蟬比較有利，因此不會等到自己身體成熟後便破土而出。**只有將出土的關鍵點，由「成熟度」切換成「時間」的個體，才能不斷地繁衍**，像這樣在生存戰爭中獲勝的一方，所留下的子子孫孫，就是「周期蟬」。

質數是為了繁衍子孫

但是為什麼破土而出的時間點會是質數呢？這個謎團與進化的歷史有關係。推測在很早以前，存在更多不同周期的「周期蟬」，但是當出現周期並非質數時，就會出現一些問題不利於牠們生存。

舉例來說，假設有生命周期為 9 年和 18 年的蟬，這兩種蟬會在每隔 18 年同時大量出現，於是兩種蟬會雜交，使得雜種蟬大量繁殖出來。雜種蟬的生命周期可能會落在 9 和 18 之間不一的數字，但是雜種蟬在 9 年蟬和 18 年蟬都不會出現在任一時期羽化之後，將會遇不到另一半，因而無法留下後代，最後將無法繁衍而滅絕。所以若是 9 年蟬或 18 年蟬，後續存活下來的子孫數量便會逐漸減少。

也就是說，大量出現的時期一致，衍生出雜種之後，將不利於種族繁衍。因此大量出現的生命周期經常重疊的族群，將步上絕種一途，最後殘存下來的，卻是生命周期不會重疊的蟬。

13年、17年這兩種生命周期，每221年才會重疊一次。為什麼會間隔這麼久，祕密便在於13和17皆為質數。**將某個整數乘以2倍、3倍……時，稱作該數的倍數，兩個整數共同的最小倍數，稱作最小公倍數。**生命周期的時間，會在最小公倍數的地方重疊，例如4和6的最小公倍數為12（＝4×3＝6×2），所以4年周期與6年周期每隔12年就會重疊。

兩個整數都可以整除的數字，我們稱作公因數，當兩個整數具有公因數時，最小公倍數多數不會太大。例如4和6，都能用2或3整除，所以2或3為公因數。但是質數和質數之間，並沒有公因數，因為**質數除了1和該數自身外，無法被其他整數整除。**既然沒有相同點，就很難出現周期重疊的情形，所以**以質數13年、17年為生命周期的「質數蟬」，由於大量出現的時間鮮少重疊，因此才能殘存到現代。**

蟬並不了解質數的概念，只是在歷經逾百萬年的生存競

爭，最後無意間在質數祐庇下才得以子孫繁衍。現在地球暖化議題迫在眉睫，據說再過5萬年後，冰河時期即將捲土重來。地球再次冰封之際，生態超乎想像的生物，或許又將粉墨登場。

2-6.

哪一個公式
堪稱世界最美？

在CHAPTER. 2為大家介紹過各式各樣的數字，包含自然數的基本單位1，還有發明於印度後來推廣至全世界的0、使眾多數學家為之傾倒的圓周率 π 、足以闡明物質祕密的虛數單位 i，以及微積分中最重要的數學常數 e ，這些數字都是在不同年代，因應各種目的而誕生，所以乍看之下，彼此似乎毫無關聯，事實上直到17世紀為止，一般也都不認為這些數字彼此息息相關。

但是在1748年，數學家**歐拉**（Leonhard Euler）出版了《無窮小分析引論》（*Introductio in analysin infinitorum*）一書，並且運用書中記載之公式，發現這些數字彼此都有連結，關聯性如下所示：

$$e^{i\pi} + 1 = 0$$

這套公式命名為「**歐拉恆等式**」，這些看似毫無關係的數字，居然能用如此簡潔的公式連結起來，這個公式堪稱奇跡，不得不叫人感嘆數學的奧祕。

自然界只因一種力量而動？

在數學與科學的世界，本以為毫無關係的概念合成一體時，便能顯現出貼切如實的樣貌。例如磁鐵吸附鐵釘、狂風暴雨中閃電打雷的現象，長時間一直以為兩者間一點關係也沒有，可是卻發現背後卻存在「電磁力」。這股力有時以磁力顯現，有時又搖身一變為電力的形式。當初是由英國物理學家法拉第（Michael Faraday），在進行電磁感應實驗時發現這種合而為一的電磁力。他發現在磁鐵旁邊移動鐵圈的瞬間，會產生電流流經鐵圈（電磁感應），這才查明過去一直以為兩無瓜葛的磁力與電力竟然息息相關。

現代許多物理學家，認為除了電力和磁力之外，自然界所有的現象，並非單一力量以不同形式表現出來的結果。雖然還不清楚這股力量從何而來，不過正是因為法拉第的實驗，才讓我們有機會深入一探究竟。歐拉恆等式，就類似物理學中法拉第的實驗，將各自獨立的概念合而為一。

曾經獲頒諾貝爾物理學獎的美國物理學家理察‧菲利普斯‧費曼（Richard Philips Feynman），將歐拉恆等式形容成「我們的珍寶」（our jewel），甚至給予「堪稱數學最非凡的公式」的盛讚（one of the most remarkable, almost astounding, formulas in all of mathematics）。

在此順便回顧CHAPTER.2，重新復習一下歐拉恆等式中出現的數字代表什麼含意。

----

i：虛數單位

i×i＝-1如此不可思議的數字，原本是為了解開三次方程式而導入，如今卻是代數學、微積分學、幾何學、物理學等廣泛領域中，不可或缺的一環。導入 i 之後，數字的世界開始從「實數」擴展到了「複數」。

e（＝2.71828……）：數學常數

在微積分學及機率論的領域中，占有重要角色的數字。也是一個無理數。

0與1

這是所有數字的基礎。0卻是在一千多年前,才被人發明出來。

π(＝3.14159……): 圓周率

用數學方式表示波動或旋轉等情形時,就會出現這個數字。在幾何學、物理學、工程學、統計學等不同領域中,經常都會運用到。歷史上曾有非常多人投入許多精力,只為了將 π 更精準地計算出來,堪稱吸引力十足的神奇數字,為無理數之一。

歐拉恆等式本身一點也不實用,卻因為這樣簡單的美感,成為全世界最有名的公式之一。

（T）

鳥群變化成變形蟲的形狀，一面乘空飛去。

看似複雜難解的動作，

實則僅遵守三大原則，

就能成群結隊移動，營造出變形蟲般的造型。

由單純原則衍生出複雜動作的新發現，

給了科學家當頭棒喝，開啟林林總總的相關研究。

諸如遊戲、上班族跑業務、電動自行車，

乃至於颱風及火箭等種種「動作」的規則，本章將好好一探究竟。

看似複雜的動作，其實頗為單純，

看似單純的動作，卻又甚為複雜，潛藏著許許多多的驚異之處。

我們人類天性敏感，

不喜歡客滿電車裡的摩肩擦踵，

會覺得喘不過氣猶如人間地獄。

但是當身邊杳無人煙時，

又會孤寂到快要無法呼吸。

「生命遊戲」以數學方式重現了上述細節，

充滿多樣化的有趣元素，

深受眾多支持者喜愛，甚至視為一門學問不斷鑽研。

上班族的舉止、颱風以及鳥群在大自然中的移動情形、

自動駕駛車和火箭等人工產物的運作規則、

探求各種「動作」的原理，

說不定也能解開人生的法則。

3-1.

為什麼翱翔天際的鳥群
不會撞成一團？

圖表3-a　鳥群

©朝日新聞社

鳥類這種生物，大多會成群結隊行動。相信大家都曾經見過，一大群鳥結隊翱翔天際的畫面，雖然都市人能見到這幅景象的機會少之又少，不過只要來到鄉間或高山野地，不時能見到這番景色。

我們人類同樣經常採取團體行動，在同一間教室上課、一起去野餐；新年參拜祈福時，總會有一大群人蜂擁至神社，甚至擠到動彈不得。不過，鳥群會成群結隊行動的原因，卻和人類大異其趣。

鳥類群聚的其中一個原因，是為了保護自己免受敵人攻擊。形單影隻飛翔時，容易被老鷹這類的敵人盯上；群體行動的話，每一隻鳥都能警戒敵人行蹤，容易察覺異樣。另外也是為了成群結隊尋找休憩場所，所以團體行動，其實是生存所需。

詳細研究鳥類行為後發現，**鳥群並沒有所謂的領袖**。假使鳥群成員是依照領袖指示移動的話，當老鷹這類的敵人接近時，除非領袖察覺到異樣，否則根本不會逃離敵人攻擊。所以鳥群並沒有所謂的領袖，只要團體中的其中一隻鳥發現老鷹後開始逃離，其他鳥群也會跟著這隻鳥展開逃命，最後才能倖免於難，增加存活的可能性。

模擬鳥群移動的「Boids model」

不過仔細想來還真是不可思議，既然沒有領袖存在，為什麼可以團體行動呢？通常人類在團體行動時，都會依照老師、班長、上司、隊長這類的領袖下達指示，但是鳥

類即使沒有領袖，卻還是能團體行動，如此說來，難道鳥類比人類聰明嗎？

事實並非如此，**鳥群只是依照三個原則在活動**，當時是由一名美國的程式設計師發現了這幾個原則。1987年，美國的程式設計師克雷格・雷諾茲（Craig Reynolds），計劃以電腦重現鳥類的動作，於是創造出「Boids model」。從字面上作解釋的話，鳥的英文寫作Bird，於是加上「-oid」這幾個字，用來表示「類似……」的意思（Bird＋-oid→Boid），總之就是意指「類鳥群」的意思。

顧名思義，Boids會在電腦中做出與鳥群一模一樣的動作，Boids所根據的原則如下方所述，就只有以下三點這麼簡單。

＜Boids model的原則＞
①太近就會分開（避免碰撞）
②飛行速度配合身旁飛翔的鳥
③朝向伙伴多的方向飛去（避免走散）

原則就這麼簡單，Boids的群體，會像真的鳥群一樣，顯示出複雜的動作，而且即便遇到障礙物，導致群體一分為二，後續還是會合而為一，行動靈活。由雷諾茲所創造

的Boids model，日後更應用於電腦圖學等領域，常在表現鳥類及動物群體活動時使用。

　　Boids model從這三個簡單的原則，竟然能營造出鳥群如此複雜的動作，完全顛覆了全世界每一個人的想像。過去大家的觀念備受限制，以為簡單的原則只能締造出單純的結果，可是雷諾茲卻發現，依循簡單原則的系統，其實也能呈現出複雜的動作。就像這樣，**相互關聯的若干要因集結後，整體會顯示出複雜行為的系統，稱為「複雜系統」**。在複雜系統裡，個別要素複雜交織後，情況便會逐漸產生改變，因此很難從這些組成要素，預測系統的下一步走向。檢視整體系統時，也能察覺到個別要素並不具備的特徵。

　　在生態系統、金融市場、氣象等大自然，以及人類社會的層層面面，都能發現複雜系統的蹤跡。舉例來說，我們人類的社會，本身就是屬於複雜系統之一。我們每一個人的行動，例如肚子餓了所以去用餐，或是睏了想去睡覺等等，都有某些原因才會形成，於是常藉由心理學或腦科學等方式，研究人類做出各種行為時的原因。可是，許多人類聚集所形成的社會群體，未來將發生哪些事情，就算在每個人身上套用心理學或腦科學的邏輯，階段式推論，還是難以預測出來，也就是說，「社會並不等於人類個體的

加總」。將整個社會視為一個系統時，將會出現每個人類並不具備的特徵。

在這世上，總有人在預言未來將發生什麼事，可是這個世界屬於複雜系統，因此預言往往不會成真。

順帶一提，作者我本身從事金融相關工作，無論我如何鑽研經濟學及金融工程，依舊無法預測出5分鐘後的股價波動。坦白說，經濟學及金融工程所提出的理論皆有一大前提，就是股價是無法預測的，因此大家在投資股票賠錢時，還有人生無法如願進展時，千萬別怪罪自己，記得安慰自己「全是因為複雜系統的關係」，趕緊讓自己重新振作起來。

3-2.

真的有遊戲能
模仿生物機制嗎？

大家比較喜歡都市還是鄉間？住鄉下生活悠閒，但會與人逐漸疏離，等到身邊空無一人時，生活說不定根本過不下去；反之，都市充滿刺激且生活便利，到處都是人擠人，客滿的電車總叫人滿心生厭。人類屬於群居動物，沒有人可以獨自生活，但是過分擁擠的日子，也會叫人吃不消。

除了人類以外的生物，情況也是如此。群居動物必須和群體伙伴合作覓食、對抗敵人才得以生存，但是當同伴大量出現時，又會因為糧食不足或是壓力而死亡。**包含人類在內，對於群居動物來說，周遭存在多少伙伴，可是至關重要的問題，悠關生死。**

現在用最簡單的方式來思考看看，或許**生物周遭存在的同伴數量多寡**，會有一道「非生即死」的界線。接下來要為大家介紹的「**生命遊戲**」，就是以這樣的生物特徵為靈感設計出來。

　　生命遊戲，必須以電腦操作。首先將畫面分割成格子狀，每個細胞再依照周圍的狀態，呈現白色（死亡）或黑色（存活）。這裡所謂的周圍，意指環繞這個細胞的8個細胞（圖表3-b）。

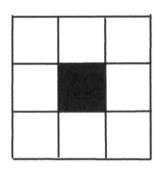

圖表3-b　細胞與其周圍的細胞

〈T〉

　　插圖說明：中央的細胞下一步是死是活，取決於周圍8個細胞有幾個為黑色。以上圖為例，周遭細胞皆為白色（死亡），因此屬於模式③（過疏）的狀態，於是中央的細胞在下一步就會死亡。

細胞是死是活，取決於下述幾個規則：

① **誕生**：死亡細胞（白色）的周圍若有 3 個存活的細胞（黑色），在下一步便會存活（變黑）。

② **維持**：存活細胞（黑色）的周圍若有 2 或 3 個存活的細胞（黑色），在下一步還是會存活（維持黑色）。

③ **死亡**：除了上述情形，在下一步都會死亡（變白）。也就是說，當周圍有超過 4 個存活的細胞（黑色），就會因人口過密而死亡；當周圍完全沒有存活的細胞（黑色）時，也會因為人口過疏而死亡。

遊戲只要依照上述三個規則，就能一直玩下去。遊戲開始時，必須決定最初的「群體狀態」，也就是存活的細胞（黑色）要安排在何處。接下來，細胞會依照三個規則，時而存活時而死亡，如同真實的群居動物一樣，一舉一動都非常複雜。

大家可以自由決定哪個細胞為黑色，當你想玩生命遊戲而啟動應用程式（網路上可下載到數種程式，但以「Golly」這款遊戲最為知名）後，一開始畫面會顯示全部細胞皆為白色（死亡）的狀態，接下來只要自行點選想要變黑的細胞，這個

細胞就會變成黑色。像這樣設定好存活細胞（黑色）的位置之後，按下開始鍵，就能開始玩生命遊戲了。

大多數的應用程式，都會為大家準備好幾個事先配置妥當的範本，所以覺得自行設定很費事的人，從這些範本下手的話，就能馬上開始體驗生命遊戲了。順便提醒大家，每套軟體畫面上的細胞總數都不一樣，細胞數量大致上都綽綽有餘，大家可以放心嘗試各種初期配置。

以數學邏輯解析生物的繁衍機制

話說回來，生命遊戲是由英國數學家約翰・康威（John Horton Conway），於 1970 年代發明。他從「細胞自動機」這套數學模型中取得靈感，後來才發明出這款遊戲。那麼細胞自動機又是什麼呢？這是由知名的計算機之父、美國數學家約翰・馮・諾伊曼（John von Neumann），連同波蘭數學家斯塔尼斯拉夫・烏拉姆（Stanis aw Marcin Ulam）一起發明出來，算是用於研究的計算模型。

諾伊曼當時一心投入研究，打算以數學方式重現生物自我複製，也就是繁衍後代的機制。他用來分析的對象，是將生物單純化後的模型，也就是許多細胞的集合體。每一格相當於一個「細胞」，一個細胞能呈現 29 種狀態，且每

一個細胞與周邊細胞相互作用後，狀態便會改變。在這樣的設定之下，他發現由某個初期狀態開始計算之後，細胞集合體會像複製機一樣開始複製，衍生出和自己相同的細胞集合體，也就是說，他能成功以數學方式，重現生物的自我複製。他將這個複製系統，命名為「通用製造器」。沒想到諾伊曼竟然能在沒有現代電腦設備的年代，光靠筆和方格紙，就能完成這類的計算。

康威得知這套數學模型後，思考著若將細胞狀態進一步單純化成兩種類型，分別設定成「存活」（黑色）與「死亡」（白色）的話，應該就能創造出群居動物簡易化之後的模型，於是就此創造出生命遊戲。生命遊戲的規則非常簡單，但是大家都知道「操作」非常複雜，各種遊戲模式仍在持續研究當中。

簡單規則造就出複雜樣態

現在為大家介紹最具代表性的一例，就是「滑翔機」模式。請參閱圖表3-c最左側的方塊，5個黑色細胞排成V字型，生命遊戲由此展開，從這個狀態進展到下一步，就變成右側的方塊；2個細胞死亡（白色），相對會誕生2個新的細胞（黑色），因此整個形狀稍微不同了；繼續進展到下一步，第5步驟表面上看起來回到原本的形狀，但是仔

細觀察，會發現整個形狀的位置稍微往右下移動了。

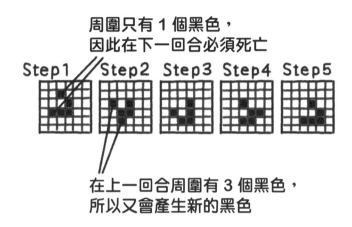

圖表3-c　滑翔機

總而言之，「滑翔機」的模式就是**每隔4個步驟，整個滑翔機就會往右下移動**，最後一步步走下去，完全就像滑翔機飛行一樣，V字型的圖形會一直線移動下去。

這種情形發展下去，還會變成「**滑翔機槍**」（圖表3-d）。變化的模式相當複雜，滑翔機槍在固定周期內，會不斷產生滑翔機發射出去，但在這張插圖中，只顯示某個時間點的快速射擊。完全就像生物繁衍後代一樣，滑翔機會不斷產生，因此也稱作「**繁殖型**」。

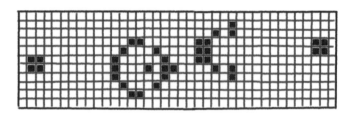

圖表3-d　滑翔機槍

（ㄒ）

　　有趣的是，從某個特定的配置開始玩，將出現在
CHAPTER. 1「形狀」中介紹過的碎形模樣。舉例來說，
從黑色細胞橫向排成一長列的狀態展開的話，會出現眾所
知的「**謝爾賓斯基三角形**」此一碎形。原本是單純一直線
的「集合體」，後來竟出現自我相似的複雜圖形，實在叫
人不可思議。

圖表3-e　謝爾賓斯基三角形

作者使用「Golly 3.2」創造而成

生命遊戲與貝殼圖形

存在大自然中的複雜圖形，也能用生命遊戲創造出來。眾所皆知的「**規則30**」模式，是由英國計算機科學家、理論物理學家**史蒂芬‧沃爾夫勒姆**（Stephen Wolfram）所提出來的自動機規則。

這個模式有別於前面提到的生命遊戲，是以「一維生命遊戲」為基礎，必須思考排列於一直線方格上的細胞會如何變化。

在二維生命遊戲中，須視環繞在每一個細胞周邊的8個細胞狀態（白色或黑色），決定下一步是生是死。

在一維生命遊戲裡也是採用相同的判斷邏輯，同樣得依照周邊細胞的狀態，才能決定下一步的死活。只不過在一維生命遊戲的架構裡，相鄰的細胞其實也就只有左右兩格而已。也就是說，我們只需要考量左、右，以及細胞本身究竟是黑是白即可。

話說回來，規定又該如何訂定呢？訂定方式有幾種變化，在這裡為大家介紹「**規則30**」部分。圖3-f就是規則30的範本。

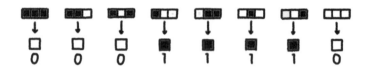

上方一列的插圖，顯示出「左側、自己、右側」這一連串3個細胞的黑白模式。

每一個細胞都有黑白兩種模式，全部共2×2×2＝8種模式。

然後下方一列的插圖，呈現出「自己（中央細胞）」在下一步驟的狀態（白色或黑色）。

舉例來說，由左邊數過來第2個圖形，為「左側：黑色、自己：黑色、右側：白色」的狀態。在這樣的狀態下，到下一個步驟自己（中央細胞）就會變白色。

就像這樣，將可能的8種模式全部設定出下一步的狀態之後，無論遇到什麼情形都知道下一步怎麼變化，使遊戲能繼續玩下去。

最後順便為大家解釋一下，為什麼這個細胞自動機規則會取名為「規則30」（Rule 30）。

讓我們再回頭看圖表3-f所示範的細胞變化規則，各種模式進行到下一個步驟時，中央細胞的狀態如果是白色，能夠會以0來代替；如果是黑色，則會以1來取代，於是就可以轉化為「00011110」這組數字。這組數字在二進位制裡，便是意指「30」。

遊戲一開始，會從橫向排列的無數細胞中，只有一處為黑色，其他皆為白色的狀態下展開第一步。後續行進便依照規則30，每進展一步，就會在上一列格子下方，加上變化後的一列格子。如此一來，就能描繪出如同圖表3-g這樣複雜的模式。

在下一頁的圖表3-g中，三角形上側的頂點，就是第一個步驟中的黑色細胞。接下來，下一步驟的一列格子便加在下方，逐步進行下去，最後就會像這樣完成這樣複雜的二維圖形了。

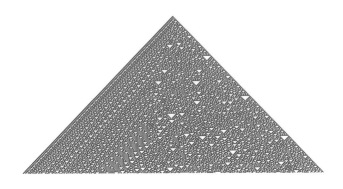

図表3-g　依循規則30完成後的複雜圖形

引用自 "Wolfram MathWorld" Rule30, http://mathworld.wolfram.com/Rule30.html

　　如此神奇的圖形，和**芋螺**貝殼上的模式如出一轍。為什麼會和貝殼圖案相似，這是因為貝殼圖案的形成機制，與生命遊戲十分雷同的緣故。芋螺的貝殼邊緣，存在排列成帶狀的色素細胞，**當某些色素細胞運作時開始分泌出色素之後，同一時間將阻礙周邊色素細胞的運作**，像這樣與周圍細胞的相互作用，就和生命遊戲一模一樣。再加上色素細胞呈帶狀排列，這點可說與一維生命遊戲格外相似，感覺就像在貝殼邊緣，展開了一維生命遊戲。

　　在一維生命遊戲裡頭，每走一步就會在下方追加新的一列變化結果，芋螺也是以相同模式製造出圖案。邊緣變大後，貝殼就會長大，此時在邊緣形成的圖案，就會逐漸刻畫在貝殼上，正好如同生命遊戲走到下一步，同時形成圖

形的狀態。

　　如此複雜的圖形，也有助於芋螺隱形。事實上芋螺身懷
劇毒，會用「齒舌」這種長長的毒針刺向靠近牠的小魚使
其麻痺，再整隻吞下肚。芋螺本身行動緩慢，不過類似規
則30這樣的貝殼圖形，卻可以魚目混珠假裝成砂子或石
頭，讓小魚在不知不覺中游到齒舌的射程範圍內。

圖表3-h　芋螺

　　規則30所形成的圖形，只要稍微改變一下最初黑色細
胞的位子，就會產生極大變化，因此規格30衍生出來的
模式，一般認為**在初期值應歸類為非常敏感的「混沌理
論」**。難以預測出最終的結果，實質上也能認定為隨機性

質，因此有時會用來產生亂數。事實上，芋螺的貝殼圖案會隨著不同個體而異，歸屬混沌理論，所以在圖形產生當下，只要出現些微的條件差異，就會產生無數的模式。假使所有個體都擁有相同圖案，小魚就會知道芋螺躲在哪裡，於是就能容易逃脫而不被捕獲，由此看來，芋螺的生存戰略實在聰明絕頂。

靈感來自於生物機制的生命遊戲，如今應用在各式各樣的領域，用來理解生命現象、研究混沌理論以及產生亂數等等。從一張紙就能寫完的單純規則，居然能擴展到如此深奧的世界，實在叫人驚為天人。順便為大家介紹一下，芋螺也會棲息在日本的溫暖海域，1隻芋螺的毒液足以殺死30個人，威力強大，因此到海邊戲水發現芋螺時，千萬別為了研究生命遊戲，而將牠撿回家喔！

3-3.

交通費得花幾千年
才算得清？

〈T〉

有一種上班族的工作屬於業務性質，這一行的要求分外嚴格，業務主管會看你這個月拜訪了幾家公司、簽回幾份合約來打成績，如有達標則以笑臉相迎，否則就恐會暴跳如雷。正如「黑心企業」一詞最近逐漸成為習慣用語一樣，整個社會對於過於苛刻的勞動環境，開始出現了檢討的聲浪，可是價值觀還停留在昭和時代的熱血上

司，今日應該仍存在日本的某個角落，邊叱責邊勉勵著他的下屬。

接下來，有一個遊戲想請大家一同思考看看。現在我們來到這一家黑心企業的辦公室裡，業務人員富島先生加完班後，正當打算下班回家時，突然被業務經理叫了過去，然後經理跟他說：「明天你搭首班車出門，到20個城市走一圈，把庫存的商品賣完。如果你沒有賣完就不准回家，也不能回公司！當然所有的交通費你得自行吸收！」富島家的經濟大權掌握在他老婆手裡，所以所有的交通費就必須得從他自己的零用錢裡擠出來，才能夠把20個城市走完一圈。

現在為了幫富島先生一把，請幫他一起想想看，如何用最少的交通費達成任務吧！

簡單說明一下，首先提示大家要將交通費換算成「移動距離」來思考；也就是說，先不去計算相同距離搭乘飛機或是新幹線的交通費差異，而是以單純計算不同移動距離所增加的交通費來思考這個問題。這樣一來，若是想將交通費壓到最低，只需要以最短距離分別造訪各個城市1次即可。像這樣如何以最短距離前往數座城市的問題，我們便稱為「行商問題」。

先以4座城市思考看看

最萬無一失的解決方法，就是先計算出所有交通方式的移動距離（＝交通費），然後再選出花費最少的交通方式。因此，首先必須先算出總共有多少種移動方式。

若是想在地圖上將所有想得到的交通方式全部標記上去的話，恐怕只會沒完沒了，我們就得藉助數學的力量加以簡化，而最後這個問題，將會等同於「**每座城市應該排在第幾順位造訪**」。

20座城市會多到難以想像，因此一開始只用「札幌、東京、大阪、福岡」這4個城市來思考看看。假設冨島先生住在東京，因此起點站和終點站都會在東京；第2個造訪的城市，共有除了東京以外的3座城市；第3個城市，則是尚未造訪的2座城市；還有第4個城市，就是剩下的1座城市。總之，簡單計算後如下所示：

第2個城市的選項（3種）×第3個城市的選項（2種）×第4個城市的選項（1種）＝6種

結果，會變成像圖表3-i這樣。

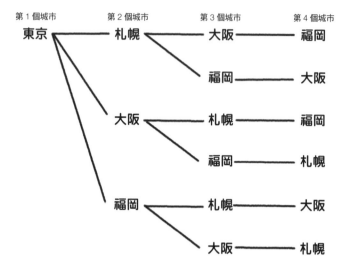

第1個城市　　第2個城市　　第3個城市　　第4個城市

東京　　札幌　　大阪　　福岡

福岡　　大阪

大阪　　札幌　　福岡

福岡　　札幌

福岡　　札幌　　大阪

大阪　　札幌

圖表3-i　從東京出發走完4座城市的方法

(ㄒ)

　　從這張圖表計算樹狀圖的分支，很快就能簡單算出總共有「6種」方法。舉例來說，樹狀圖最上方的「東京→札幌→大阪→福岡」，與最下方的「東京→福岡→大阪→札幌」，只是同一條路線反過來走而已，如此會重複計算，於是排除掉這樣的重複計算後，實際的交通方式會變成6÷2＝3種。

　　這種情形也能寫成「（3×2×1）÷2＝3種」，當城市數量繼續增加時，也能利用相同邏輯來思考，將交通方式計算出來。例如6座城市的計算方式如下所示：

（5×4×3×2×1）÷2＝60種

　　和4座城市相比，交通方式增加了很多種，但是逐一將5×4×……寫出來實在麻煩，其實還有更方便的符號。若是運用數學方式計算時，只要寫成「5!」，就是代表「5×4×3×2×1」的意思，也就是**寫成「□!」，便意指「從1依序乘到□為止的整數」**。這種計算方式，稱之為「**階乘**」。

　　現在再來思考一下10座城市的情形，交通方式合計如下，共有約18萬種方式：

9!÷2＝（9×8×7×6×5×4×3×2×1）÷2＝181,440種

　　就像這樣，城市數量稍微增加而已，交通方式竟然爆增了這麼多。現在馬上來算算看，20座城市的交通方式共會有幾種，答案會變成約6京822兆種：

19!÷2＝（19×18×……×2×1）÷2
＝60,822,550,204,416,000

　　這樣一來，單靠冨島先生手上的計算機，根本算都算不

完，必須得有高端電腦，才能完成這等程度的計算。例如1秒內能計算1京次的超級電腦「京」，就能在6秒左右算出所有的交通方式，將移動距離最短的交通方式找出來。但是與其花大錢借用超級電腦，倒不如隨意安排路線迅速走完20座城市，說不定還會比較省錢。

總算走完20座城市回到公司的冨島先生，受到業務經理熱烈迎接，就在慰勞冨島先生的聚餐場合上，業務經理說道：「辛苦你了，下次再麻煩你去把30座城市全部走一趟。在這之前……（以下省略）。」

話說如果要走遍30座城市，共有幾種交通方式呢？試算後如下所示，共有442穰880秭9968垓6985京種，實在是個天文數字：

$$29! \div 2 = 4,420,880,996,869,850,000,000,000,000,000$$

假設利用超級電腦「京」，來計算這所有的交通方式，由於1秒可以計算1京次，因此計算時間共需要（29!÷2）÷1京＝442,088,099,686,985秒，大約需花上1,400萬年。

當城市的數量不斷增加，交通方式也將隨之爆增，像這樣隨著要素的個數增加，組合方式也會劇增，導致難以計算的現象，稱之為「**組合爆炸**」。引發組合爆炸這類的問題時，就算時間再多，也無法將所有符合條件的路線算出來。因此**會放棄尋找真正最短的路線，只求能找出接近最短路線的路線即可**，最具代表性的方法，就是名為「**遺傳演算法**」的手法。

這項手法，會一再重複下述步驟，逐步找出接近最短路線的路線。

＜遺傳演算法＞

① 隨機安排出幾種繞行城市的路線

② 針對每條路線計算出移動距離

③ 篩選出幾條移動距離相對較短的路線，相互搭配後安排出幾種不同的路線

④ 重複②與③的步驟

遺傳演算法，類似農家改良品種時所採取的步驟。例如早昔的紅蘿蔔顏色偏淺且外形細長，乾癟的外表根本和樹根沒什麼兩樣，而且也不像現在的紅蘿蔔這麼美味，後來在人類巧手改良下，持續挑選出深橘色、粗大、甜度高的

紅蘿蔔進行交配後，才演變成現代的紅蘿蔔。

　　繞行城行的路線，一樣也能依照相同作法進行「品種改良」。不過這時候不是以甜度、鮮豔顏色或是體積大小作為挑選標準，而是視移動距離的長短。在步驟①中隨機安排的路線，與紅蘿蔔的原種一樣，以毫無吸引力（移動距離不短）的類型居多，因此在步驟③會盡量選出移動距離短的路線，接下來再將這些優秀的路線「配種」後，安排出新的路線。

　　進一步具體地說，就是將兩個移動距離相對較短的路線視為父親與母親，接著會衍生出後代的路線。而後代的路線，則會從父母親的路線分別截取部分路線，再以拼湊的方式組合起來，形成一個新的路線。人類的後代也是一樣原理，譬如眼睛像母親、嘴巴像父親，以拼貼的方式重組展現出父母的特徵，兩者的原理可說是非常相似。另外針對部分路線，還會在城市順序上局部隨機出現「突變」，因為在突變的影響下，有時會產生優於父母親（移動距離短）的路線。這部分運用了混合父母基因生出後代的遺傳機制。在生物界中，有時會因為偶然的突變狀況，出現特性迥異的個體，這種情形在物競天擇下，若是有利生存時該個體便會繁榮壯大，有助於物種進化。讓路線發生突變，也是想要看到這方面的進化。

依照上述步驟衍生出來的幾條後代路線，將另行挑選出移動距離短的路線，並重複相同的步驟。選出移動距離短的路線再交配後，歷經世代演變，就會逐漸形成移動距離更短的後代。這部分運用了篩選優良基因進行品種改良（或是自然淘汰）的機制，因此才會被稱作「遺傳演算法」。

　　遺傳演算法只會調查所有可能路線中的部分路線，利用現有的計算時間，「草草了事」找出解答，通常多數場合，這樣便綽綽有餘了。換個角度來看，我們自己的基因，說不定也是依照遺傳演算法（進化），「草草了事」找到的解答。IQ並不是最好，也並非絕對不會生病，但是肯定是在生存競爭中脫穎而出撐到現代的基因，也正因為如此，才會步上「草草了事」的人生。

〈T〉

3-4.

北半球的颱風
真的是逆時針旋轉嗎？

每年一到夏天，常會聽到颱風要來的新聞，颱風要是在一年內一個接一個登陸，恐怕會讓人避之唯恐不及。不過沒想到有些人竟對颱風引頸期盼，迫不及待想外出追風。這些追風族可得好好留意安全問題才行。

時至今日，科學已經發展到了一個地步，從氣象衛星以及太空站就能拍攝到颱風的整體樣貌，也能上網觀察到這些颱風影像，不過仔細觀察這些影像後，會發現南北半球的颱風，旋轉方向並不一樣。例如**通過北半球日本上空的颱風，一定是逆時針旋轉**（圖表3-j），**經過南半球澳洲上空的颱風，絕對是順時針旋轉**（圖表3-k）。由此可知，除了颱風之外，包含大氣還有水的漩渦也是同理可證，北半球

的漩渦一定是逆時針旋轉，南半球的漩渦肯定是順時針旋轉，這說法恐怕並非空穴來風。

圖表3-j　北半球的颱風（2019年2月25日　平成31年2號颱風）

提供：情報通信研究機構（NICT）

圖表3-k　南半球的颱風（2019年2月19日　熱帶氣旋「奧馬」）

提供：情報通信研究機構（NICT）

追根究柢，為什麼南北半球的旋轉方向不同呢？這和地球自轉所產生的「科里奧利力」有關。所謂的科里奧利力，是**地球自轉使得地面本身移動所產生的外力**。單憑這些解釋不容易理解，現在就用視覺概念來為大家解釋科里奧利力。

「科里奧利力」是怎樣的力量？

假設你人來到北極點，用神奇跳躍力一躍來到遙遠的上空，到達平流層後往下俯視地球，就會發現地球是以逆時針方向在自轉。

接下來請想像一下，站在逆時針旋轉的地球上，將球從北極朝南極扔過去的情形。一面看著圖表3-1，再一面思考或許比較容易理解，這顆球雖然會筆直飛過去，但在球飛行的期間，由於地球自轉以致於地面本身移動的緣故，所以球並不會朝向正南方，而是往偏西（行進方向的右手邊）位置落地。

若是以「神之視角（或是太空人的視角）」，從太空凝視地球的話，應該會覺得是地面在移動，球本身則是筆直飛行；但是以待在地球丟球的人的角度來看，看起來卻像是球的軌道自行偏右了。也就是說，對於球來說，看起來像

是受到外力影響才會偏右，這就是受到「科里奧利力」的影響。總而言之，這個外力必須以「人的視角」才能體會，「神的視角」根本看不見。

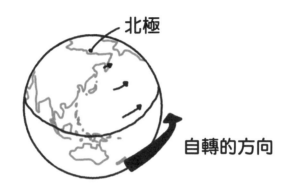

圖表 3-1　科里奧利力會作用在南北方向移動的物體上

（下）

　　科里奧利力在南北極的影響力最大，愈接近赤道影響愈小，而且科里奧科力在赤道上會消失，因為位於赤道上的人，自己也會隨時跟著地球自轉而移動。在赤道上的人投出的球，一開始便會完全受到地球自轉所影響，因此球本身會配合地球自轉，偏向東方飛過去，所以不會發生外來的科里奧利力；反觀在南北極投球的人，因為待在靠近地球自轉軸的地方，所以完全不會受到地球自轉的影響，因此投出的球也不受地球自轉影響，於是會產生外力（科理奧利力）。

南北半球有何不同？

了解科理奧利力的原理後，接著來思考一下，為什麼北半球颱風會逆時針旋轉。本來颱風就是**氣壓以強勁風勢吹向極低處的一種現象**。天氣預報經常會用到低氣壓或高氣壓這類的用語；高氣壓即意指氣壓比周圍高（空氣密度高）的地方，另外低氣壓則是氣壓比周圍低（空氣密度低）的地方。**由於空氣會從高密度的地方移動到低密度的地方，因此風才會由高壓地區吹向低壓地區。**

此外再加上各種氣象條件後，生成極低的低氣壓時，周遭的風將以驚人的風勢朝低氣壓中心吹進來，產生暴風，這種現象就是所謂的「颱風」。假使科理奧利力沒有發揮作用，風理應會朝向颱風眼（低氣壓中心）筆直吹進來，但是事實上會受到科理奧利力的影響，而且影響力在愈靠近赤道的地方會變得愈不明顯，因此在北半球才會呈現類似圖表3-m這樣的關係。

這裡最值得留意的一點，就是**颱風眼本身會受到科里奧利力影響而移動**。因此為了針對颱風眼觀察周圍的狀況，將颱風眼所承受的科里奧利力排除後，再來思考一下，於是會變成圖表3-n這樣，北側的大氣朝左，南側的大氣受力往右。

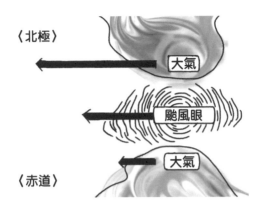

〈北極〉

大氣

颱風眼

大氣

〈赤道〉

圖表3-m　位於北半球的科里奧利力

〈丅〉

〈北極〉

大氣

颱風眼

大氣

〈赤道〉

圖表3-n　從颱風眼的角度觀察大氣的動向

〈丅〉

南側的大氣，原本是受到朝左的科里奧利力所影響，但是比不上影響颱風眼的科里奧利力，所以將颱風眼的科里

奧利力相抵後，看起來才會出現向右的力量。最後颱風眼的周圍會產生向左的旋轉力，以致於颱風逆時針旋轉。在南半球則因為北方有赤道、南方有南極的關係，科里奧利力的大小關係會顛倒過來，結果颱風才會順時針旋轉。

不過地球自轉所產生的科里奧利力非常微弱，所以對於浴缸排水這類在日常生活中常見的旋渦，則幾乎沒什麼影響，但是對於颱風這類型的大規模現象，以及洲際彈道飛彈這種飛行距離非常長的軌道計算，卻是至關重要。所以「北半球的旋渦一定是逆時針」這種事，單純只是迷信。洗臉台、浴缸還有泳池在放水時，旋渦會怎麼轉，只要某些條件出現差異，便可能逆時針轉，也可能順時針轉，並不會因為在南北半球而有所差異。當然專業科學家在整備完善的環境下，排除所有科里奧利力以外的影響因素再進行實驗的話，即便是在浴缸就能看見的小小旋渦，還是可以觀測到在科里奧利力影響下，北半球的旋渦會逆時針旋轉、南半球的旋渦會順時針旋轉。

3-5.

火箭為什麼
沒有空氣也能飛？

（T）

飛機和火箭同樣都是飛上天空的交通工具，不過飛機一定要有空氣才能飛，反觀火箭在沒有空氣的太空中也能飛行，這是為什麼呢？

　　儘管我們將飛機和火箭都視為空中交通工具，但其實兩者的飛行結構是完全不同的。

火箭的飛行機制

　　火箭的構造相當複雜，有能力獨自研發火箭，將人造衛星打上太空的國家，目前仍寥寥可數（俄羅斯、美國、法國、日本、中國、英國、印度等國家）。雖然在技術面來說難如登天，不過火箭飛向外太空的原理，其實十分簡單，火箭是利用了「**動量守恆定律**」，才能飛向太空。

　　可能有人是第一次聽到「動量守恆定律」這個名詞，這是支配物體運動時的物理定律之一。想要移動物體時，重量輕的物體輕易就能移動，但是重量重的物體移動起來卻很不容易，這種情形若是以數學的角度精準形容的話，就是「動量守恆定律」——**移動物體時的困難度，取決於物體的重量**（質量）**與快慢**（速度）。移動沉重的書桌，遠比移動輕巧的彈珠來得困難許多；還有要投出時速 100 公里的棒球，當然比投出時速 10 公里的棒球難度更高。聽說有些職業棒球選手的球速甚至能超過時速 150 公里，不過就是因為投速球很不容易，所以才會有職業棒球這一行的存在。

　　倘若在移動物體時，質量愈大且速度愈快，移動起來愈是困難的話，乾脆將二者相乘後計算出困難度，不就能以此作為衡量的基準了嗎？在物理學的世界裡，一般都是

依據這樣的觀點探討運動現象。質量乘以速度後所得數值，稱之為「動量」，而且形成下述定律。

> **動量守恆定律**
>
> 當外力為零，
> 「質量×速度（＝動量）」的總和會保持一致。

單憑這些說明還是難以理解，現以具體的範例來思考一下。請大家想想看，有一顆質量10公斤的鐵球，從左側以100公里的時速飛過來，碰撞到另一顆靜止的鐵球，靜止的鐵球上貼著強力膠帶，當鐵球飛過來撞擊的瞬間，假設二顆鐵球會黏在一起，這時候，倘若靜止的鐵球為1公斤，撞擊後的速度將如何變化呢？依據動量守恆定律，「質量×速度」理應不會改變，所以推測將如下所示（排除重力及空氣阻力等情形）：

$$10\,kg \times 100\,km/時 = 11\,kg \times \square\,km/時$$

這個算式解開後，會得到□內的數字約為91，可以正確計算出來，與靜止的鐵球黏在一起重量變重後，速度便會變慢。現在假設靜止的鐵球為500公斤時，撞擊後的速度會變成多少呢？依照相同要領思考過後，依據動量守恆定律，算式應如下所示：

$$10\,\mathrm{kg} \times 100\,\mathrm{km}/\mathrm{時} = 510\,\mathrm{kg} \times \triangle\,\mathrm{km}/\mathrm{時}$$

經計算後，會得到△內的數字約為2，由於黏著相當重的鐵球，因此速度下降到了2公里／時。像這樣運用動量守恆定律，就能得知物體在運動時的移動情形。

接下來反向思考一下，如果移動中的物體沒有黏上靜止的物體，而是靜止的物體分裂的話，情況又會是如何？大家可能不容易理解，總之會變成下述這樣的情形——靜止中的物體分裂後，一邊會飛出去，另一邊照理會往反方向飛去。因為靜止中的物體的速度為零，「質量×速度」後同樣為零，那麼依據動量守恆定律，所以分裂後的「質量×速度」的總和應該也會是零。反方向用負數表示，因此一方的動量會是正的，另一方則會是負的，以至於最後的動作加總後變成零。

具體解釋的話，假設質量100公斤的鐵球分裂成10公斤與90公斤，10公斤的那一邊以時速90公里朝左飛出去。大家可能會覺得，鐵球分裂這種事不太可能發生，但是請大家想像成鐵球實際上存在裂縫，而且有小人就住在這些細縫之間。小人的家座落在90公斤的鐵塊上，小人是大力士，他走出家門外將10公斤的鐵塊往上推，鐵塊便順勢飛向遠方了。

這時候，90公斤的鐵球速度是多少呢？試著列出動量守恆定律的公式後，如下所示，○內的數字，將會是「負數10」：

$$100\,kg \times 0\,km/時$$
$$= 10\,kg \times 90\,km/時 + 90\,kg \times ○\,km/時$$

這裡的負數，意指往反方向運動，也就是說，90公斤的鐵塊以10公里的時速往右側飛過去。

火箭就是運用這樣的原理在運動，只不過，從火箭上分離開來的並非鐵球，而是從引擎噴射出去的推進劑。推進劑也帶有重量，因此將推進劑往下噴射後，依照動量守恆定律，火箭就會往上升。當然火箭本體非常沉重，但是藉由推進劑的強勁噴射後，可以放大「質量×速度」（也就是動量），將火箭發射出去。動量守恆定律沒有空氣也能成立，因此火箭才能在太空中飛行。

最初發現善用動量守恆定律就能在太空中飛行的人，是20世紀初期十分活躍的蘇聯科學家**康斯坦丁．齊奧爾科夫斯基**（Konstantin Tsiolkovsky）。他提出「**齊奧爾科夫斯基公式**」，計算出須運用多大力量的推進劑進行噴射，才能使火箭以多快速度飛上天空，奠定了航天工程學的基礎而

廣為人知。而且他還認真考察多節火箭、太空站、宇宙殖民地等方面的技術，並留下一句名言：「地球是人類的搖籃，但人類不可能永遠生活在搖籃中。」

飛機的飛行機制

接著來看看飛機的飛行機制。飛機和火箭不同，必須利用空氣才能飛行，所以在沒有空氣的地方飛不起來。飛機起飛時，會在跑道上加速，這是為了讓機翼碰觸強風，當機翼從前方碰觸到強風，接觸到機翼的空氣就會形成拉扯，使得機翼周圍產生空氣旋渦，在這些旋渦影響下，空氣的流動方式會改變，流經機翼上方的空氣會加速，下方則會變慢。

像這樣空氣流經機翼的上下方，速度改變之後，會發生什麼樣的現象呢？在探討這個現象之前，我們必須先了解「**白努利定律**」才行。依據這項定律，當空氣流動速度愈快，氣壓就會隨之下降；也就是說，空氣流經機翼上方的速度比下方來得快時，機翼上方的氣壓就會比下方的氣壓還要來得低。如此一來，在氣壓差距下，就會產生往上推的力量，使飛機升高。

白努利定律

空氣流動速度愈快，氣壓就會下降。

※嚴格來說，白努利定律可轉換成一道公式，但在本章節只作概略說明。

　　即便提出了上述解釋，可能還是有些人半信半疑，不相信「飛機這麼簡單就能升高」。作者在高中時期，有一位社會科的老師曾經說過：「像飛機這樣的鐵塊，沒道理在空中飛翔。至少到目前為止，還沒有一位畢業生能夠為我詳細說明加以解惑。」所以現在就透過簡單的計算，來檢視看看飛機是否真的飛得起來。

　　巨無霸客機的重量約為350噸，機翼面積大概有2個網球場大、500平方公尺左右，另外巨無霸客機在跑道上加速時的速度，起飛前達時速250～300公里，此時機翼會面臨到時速250～300公里的強風。這時候依照前文說明過的原理，每1平方公分會產生相當70公克左右的氣壓差。順便為大家說明一下，氣壓單位原本是以hPa（百帕）的單位來表示，有點難懂，因此這裡以重量單位來表示，意指承受了等同於加諸在70公克物體上的重力。

　　我們平時生活的環境，氣壓大約為1氣壓，1氣壓則相當於每1平方公分有1公斤的力量。如此一來，機翼上形

成的氣壓差，會變成 1 氣壓的 7 ％左右（ $70 \text{g} \div 1 \text{kg} = 70 \text{g} \div 1000 \text{g} = 0.07 = 7\%$ ）。這等程度的氣壓差距，真的能使飛機升空嗎？

現在就來實際算算看，加諸在機翼上的力量有多少。首先來計算一下每 1 平方公尺上加諸的力量，$1 \text{m} = 100 \text{cm}$，所以會變成 $1 \text{m}^2 = 100 \text{cm} \times 100 \text{cm} = 10,000 \text{cm}^2$，也就是說，加諸在每 1 平方公尺上的力量，為 70 公克的 1 萬倍，即為 70 萬 $\text{g} = 700 \text{kg}$，若說到 700 公斤，大概是 4 位相撲選手的重量。巨無霸客機的機翼面積約 500 平方公尺，所以會有 700 公斤乘以 500 倍的力量加諸在上頭，結果如下所示，正好產生能讓巨無霸客機升空的力量：

$$700 \text{kg} \times 500 = 350,000 \text{kg} = 350 \text{t}（1 \text{t} = 1,000 \text{kg}）$$

小小的力量，積少成多後，力量居然足以讓巨無霸客機升空了呢！

3-6.

自動駕駛汽車
為什麼能自動行駛？

全家人開車出遠門遊玩時，駕駛是最辛苦的人。爸爸熬夜開車，耳邊卻傳來老婆小孩玩累後呼呼大睡的打呼聲，這種情形稀鬆平常，不過幾十年後，這般光景可能將步入歷史。

自動駕駛將人類送達目的地的車子，如夢般的技術已經近在眼前開始實際運用了。除了TOYOTA以及FORD等汽車大廠外，就連Google等IT產業也投入巨資，全世界都加入了「自動駕駛汽車」的研究行列。

自動駕駛汽車會配置光學雷達（使用雷達感測障礙物的機器），以及攝影機等各種感測器，行駛時與前後保持適當

車距，且當前方出現人或自行車等障礙物，會瞬間掌握異狀設法因應。另外還會與GPS（全球定位系統）連線，行駛在路上時，可隨時掌握自己在地圖上的位置資訊。

乍看之下，從GPS取得的位置資訊感覺最為重要，不過事實卻並非如此。GPS是與遙遠地球上空的人造衛星連線，藉此掌握目前位置的系統，因此誤差肯定會相當大。相信車上有搭載汽車導航系統的人，應該都曾遇過汽車導航上的顯示位置與實際落差極大，甚至出現車子行駛在大海中的情形吧。除了GPS的精確度本身有其極限之外，再加上與衛星連線失敗時，汽車導航有時也會依據輪胎的轉動次數等資訊，推測所在位置，因此有時會發生與事實不符的情形。

自動駕駛車若有配備汽車導航系統則另當別論，否則單靠GPS的話，實在過於危險。因此對於自動駕駛車來說，GPS的位置資訊頂多只是輔助性質，如要精準掌握位置，還是得由汽車本身所搭載的感測器來負責。

將PDCA套入自動駕駛

話雖如此，感測器也會有誤差，因此不可完全相信由感測器傳送過來的位置資訊。區區幾公分的誤差，也可能釀

成重大意外，因此在自動駕駛車上，一般都會搭載AI（人工智慧），彙整感測器的資訊與AI的推斷，以推測出正確的位置。

　　自動駕駛車的AI，正如同上班族在拓展業務的時候一樣，往往會有計畫地執行駕駛任務。相信在大企業上班或是管理階層的人，都聽過PDCA這套循環式管理手法，按照「P＝Plan（規劃）」→「D＝Do（執行）」→「C＝Check（查核）」→「A＝Act（改善）」的循環來進行，工作就會有所進展。

　　PDCA起初是由美國人所研發出來，現在包含日本在內，全世界都對這套流程十分熟悉。就連自動駕駛車的AI，也是套用這種PDCA的循環執行駕駛工作，由此可言簡意賅地整理出自動駕駛的架構（次頁圖表3-o）。

　　首先AI會依照現在的位置資訊，規劃出接下來的行動計畫（Plan）。舉例來說，假設快要跨入對向車道時，會規劃車子往另一側移動，使車子回到原本的位置上。接著在下一個步驟會執行（Do），然後根據當前的位置資訊與行動計畫，推測出現在新的位置。例如要執行計畫，使車子往距離對向車道30公分的地方移動，車子照理會往距離現在位置30公分左右的地方開過去。

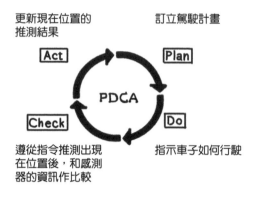

更新現在位置的
推測結果 　　　　　　　訂立駕駛計畫

Act　　　　　　　　　Plan

PDCA

Check　　　　　　　　Do

遵從指令推測出現
在位置後，和感測
器的資訊作比較 　　　　指示車子如何行駛

圖表 3-o　自動駕駛車的 PDCA 循環

(T)

可是這時候會產生一個問題，目前的位置資訊，是由感測器及 GPS 的信號推算出來的結果，同樣帶有誤差，因此推測的位置並非百分之百正確。

以圖表 3-p 為例，在感測器的雜訊影響下，有時無法精準地定位出目前的所在位置；再加上車子本身的動作也會造成誤差，所以就算 AI 下令要車子移動 30 公分，實際上的移動距離也可能會是 31 公分或 28 公分，因此移動後推測的位置又會變得更加不確定。接下來就利用圖表 3-p，為大家詳細說明「應該在這一帶」的機率，波動範圍將會變得更廣。

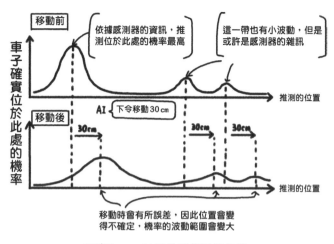

図表3-p　AI所推測的目前位置

〈下〉

　　因此AI會將移動後由感測器傳來的新資訊,與自己內部計算後推測的位置進行對照,再更新推測的結果,這就是「查核(Check)、改善(Act)」的流程,而且在這個流程中,會使用到名為「**貝氏推論**」的手法。

　　「貝氏推論」是在18世紀,由英國數學家托馬斯・貝斯(Thomas Bayes)所提出,這是一種根據新數據合理更新推論的數理手法,屬於「統計學」數學領域裡相當重要的技巧之一。貝氏推論通常會應用在許多領域當中,像是在自動駕駛車方面,便會依據感測器傳來的資訊為基礎,藉此更新AI所做出的推測結果。

其概念很簡單，就是依據AI推測後描繪出來的機率波動，乘以感測器回傳的位置資訊，進而描繪出來的機率波動。當兩者顯示的位置相同時，波動就上升；兩者顯示位置不同時，波動就會下降，所以機率最高的位置就會浮現出來。也就是說，**AI與感測器意見一致的範圍，就會視為現在的位置。**

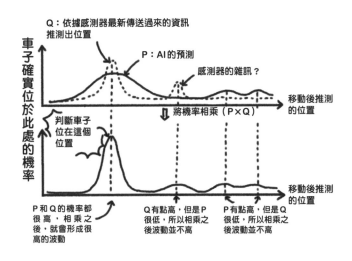

圖表3-q　依據貝氏推論更新後的推測

我們可以將貝氏推論想像成是利用電腦來模仿人類的學習過程。假設現在需要預測新商品的業績，第一步我們通常會以現有的資訊為基礎加以預測；接下來，當限定店鋪的試賣結果比預期理想或是不甚理想時，再根據這些新的

資訊，來修正之前的預測結果。同樣的道理，自動駕駛車的AI也會自己先行預測之後，接著再參考感測器傳來的資訊修正預測結果。

自動駕駛運用貝氏推論的技術

順帶一提，「貝氏推論」是一種概念的名稱，有數種方法都是將這套概念落實於架構之中實際運用。在自動駕駛車的技術方面，諸如柵格定位、卡爾曼濾波定位、粒子濾波器定位等方法，都是依據「貝氏推論」的構想，不過特徵各異，視情況分別運用。

柵格定位是將地面區分成格子狀，在每個區塊中，執行類似圖表3-q這種機率的乘法運算。但是大家也都明白，問題在於為了提升精密度，將格子細分之後，計算量將會急劇增加，且計算時間也會過長。

卡爾曼濾波定位則是表示現在位置的機率分布，會假設成「常態分布」這種左右對稱的吊鐘型加以計算的方法。這種方法在進行計算時，會忽略機率分布的偏差，因此處理速度可以非常快速。不過機率的分布左右偏差，計算時也會勉強套用左右對稱的理想分布情形，所以正確性自然差強人意。

順帶一提，粒子濾波器定位這種方法，則是依據推測後機率的分布進行了大量的模擬。首先會在電腦中製造出無數汽車的數位分身（粒子系統），藉此來模擬汽車行駛的情形，並將許多粒子系統的平均位置，視為汽車在現實世界中的位置。這種方法就算是機率的分布偏差，或是因為感測器有雜訊導致機率的波動不只有一個時，還是能全盤考量在內，計算出推測的結果，只不過最後得出的計算量會相當龐大就是了。

　　總而言之，無論是以正確性為首要之務，或是以計算的速度為重點，各有優劣，通常會依據不同狀況分別運用，將結果計算出來。

　　AI就是利用上述這些技術，同時套用PDCA循環，才能夠取代人類實現自動駕駛。不過這裡有一點要請大家留意，自動駕駛車的AI絕對不會知道車子「確實的位置」。即便今後GPS和感測器有多精準，誤差還是不可能完全消失，因此未來自動駕駛車，同樣只是依據AI的「推論」在行駛。

　　所以就算日後自動駕駛車再普及，自動車可能還是很難零事故。比方說，假設自動駕駛車每年的車禍比率為一萬分之一，當1年有1億台自動駕駛車在路上行駛的話，還

是會有 1 萬件的車禍發生。當然感測器以及 GPS 的精密度今後都會更加進步，但是大家千萬別忘了，機械同樣不可能完美無缺。

阿基米德曾經提出過一個問題，

要用多少砂粒，才能將宇宙整個埋起來。

需要1億顆砂？1兆顆砂？……其實這個數字得要非常大才行。

麻省理工學院的馬克斯・泰格馬克教授認為，

在遙遠的宇宙空間裡，有一個和地球一模一樣的複製品，

有人過著與你如出一轍的生活。

完全拷貝你生活的人，居住在相距多遠的地方呢？

距離1兆公里？1,000兆公里？……其實這個數字還要更大才行。

一對父母繁衍下後代，

這個孩子的基因，總共會有幾種組合呢？

日本將棋或西洋棋比賽開局時，共有幾種步法呢？

仔細想想這類的情形，無限大的數字，

其實不時出現在我們不經意之處。

意想不到的大數字，從古至今一直魅惑著人們。

就連IT產業龍頭Google的公司名稱，

也是一名9歲孩童由龐大的數字聯想而來。

能夠超越任何大數字的，就是「無限」。

其實無限有多種樣貌，在數學裡也會出現各種不同的無限。

無限還有大小之別，

存在更大的無限，與更小的無限。

鮮為人知的是，「無限的大小有無限多種」。

本章最後，

留有作者想傳達給各位讀者的祕密留言。

請大家一定要解讀密碼，看看作者要告訴大家什麼祕密！

4-1.

林林總總的單位

相信大家出生至今，這輩子一定接觸過許許多多的數字，大家還記得，其中最大的數字和最小的數字為何呢？美國大富豪所擁有的資產總額，最多有十幾兆日圓，而日本的國家預算，約100兆日圓。普通人日常眼見所及的數字，最大大概差不多就是如此這般吧？但是在這世上，有些領域還會涉及到更大的數字，例如在化學的世界裡，12克碳內含的碳原子個數，稱之為「亞佛加厥常數」，在化學反應計算中占有一席之地，數值約為6,000垓個。「垓」是在1之後有20個0這麼大的數值，而數詞單位由小到大依序為億、兆、京、垓。

大數字的表示法

　　人類的認知有其極限，據說一眼能判斷的數量，頂多幾個而已，所以用10進位寫下非常大的數字時，零的數量會變非常多個，因而無法立即判斷共為幾位數，所以在這種時候，會出現「**科學記號**」這種方便的表示法，現在馬上來為大家介紹一下。

　　科學記號，並不是以零來表示幾位數，而是以「**10位數**」的方式來呈現。比方說，有一個非常大的數字，單位稱作「那由他」，這個單位就是在1後頭共有連續60個零，現在將這個數字，分別以一般的表現方式還有科學記號來寫寫看。

單位	一般寫法	科學記號
那由他	1000000000000000000000000000000 0000000000000000000000000000000	10^{60}

圖表4-a　那由他

〈A〉

　　哪一種表示法容易理解，相信大家都一目了然，也就是說，1那由他＝10^{60}，因此3那由他的表示方式，就會是

「3×10^{60}」；而8那由他3562阿僧祇，得出的結果是「8.3562×10^{60}」。比起國字單位還更容易讓人理解，同時也方便計算出結果，所以大的數字多以科學記號表示。

反之，表示非常小的數字時，有時使用科學記號也會比較方便。用科學記號表示1以下的小數字時，如下所示，右上角的指數會變成負數：

$$0.1 = \frac{1}{10} = \frac{1}{10^1} = 10^{-1}$$

$$0.00001 = \frac{1}{100000} = \frac{1}{10^5} = 10^{-5}$$

例如0.0000……1的話，1的前方有22個零的小數，會用「阿賴耶」這個單位來表示，用一般寫法與科學記號來寫的話，會出現下述差異：

單位	一般寫法	科學記號
阿賴耶	0.0000000000000000000001	10^{-22}

圖表4-b　阿賴耶

這方面也是科學記號會比較容易理解。舉例來說，在物理學的世界裡，測量原子這類非常小的東西時，就有像是「**埃格斯特朗（Å）**」，這代表「1Å＝10^{-10}公尺」，10^{-10}公尺的長度，為1公釐（10^{-3}公尺）的一千萬分之一。

本章為大家介紹了非常大的數字，因此接下來多會使用科學記號來撰文，不再使用一般的寫法。難以想像數字究竟有多大時，大家可以參考一下圖表4-c、4-d，對照一下就知道「10^{12}代表兆」，相信這樣會更能容易掌握數字的大小。

十	10^1	溝	10^{32}
百	10^2	澗	10^{36}
千	10^3	正	10^{40}
萬	10^4	載	10^{44}
億	10^8	極	10^{48}
兆	10^{12}	恆河沙	10^{52}
京	10^{16}	阿僧祇	10^{56}
垓	10^{20}	那由他	10^{60}
秭	10^{24}	不可思議	10^{64}
穰	10^{28}	無量大數	10^{68}

圖表 4-c　大數字的單位

〈A〉

分	10^{-1}	模糊	10^{-13}
厘	10^{-2}	逡巡	10^{-14}
毫	10^{-3}	須臾	10^{-15}
絲	10^{-4}	瞬息	10^{-16}
忽	10^{-5}	彈指	10^{-17}
微	10^{-6}	剎那	10^{-18}
纖	10^{-7}	六德	10^{-19}
沙	10^{-8}	空虛	10^{-20}
塵	10^{-9}	清淨	10^{-21}
埃	10^{-10}	阿賴耶	10^{-22}
渺	10^{-11}	阿摩羅	10^{-23}
漠	10^{-12}	涅槃寂靜	10^{-24}

圖表4-d 小數字的單位

（A）

4-2.

日本將棋的開局
有幾種步法？

　　大家玩過日本將棋或西洋棋嗎？日本將棋、西洋棋、圍棋這類的桌遊屬於知識性遊戲，自古一直備受大家喜愛。對戰模式可說無限多樣化，曾被視為人類智慧的象徵，不過最近電腦棋士的實力日漸強大，AI威脅論這番論點也愈來愈常被人提出來議論。

　　儘管如此，事實上當桌遊開打時，大概會有多少種模式呢？**在日本將棋方面，一局的平均步數約115手，一手棋可能出現的走法據說約80種。**若是像這樣，一手棋各有80種走法，這些走法會重複115次，整體來說，就會有大約80^{115}種模式，這個數字相當於1後面共有220個零（10^{220}）這麼大。順便告訴大家，世界聞名的日本將棋

天才羽生善治先生，通常一手棋會準備80種左右的走法，其中大部分的走法會在瞬間去蕪存菁，深思熟慮最理想的2至3種走法後，再決定下一步該怎麼走。傳聞他全憑直覺，從80種走法淘汰剩下幾種走法，他應該是在大腦裡，積儲著龐大的棋局數據，才能在剎那間篩選出可行的選項。

電腦與人類開始一決勝負

首位針對桌遊開打模式，從理論面加以探討的人，就是資訊理論的創始人**克勞德・夏農**，他在1950年撰寫的論文中，針對下西洋棋的電腦加以考察。第一步他先估算出比賽開局時可能有幾種走法，並且事先設定好在某一個棋局中，棋子的走法約有30種，且在認輸之前，會下40手左右。

在這裡要提醒大家，日本將棋與西洋棋的步數算法並不相同。**下日本將棋時，先走的人下棋為1手，後走的人下棋為1手，2手為1回合；另外西洋棋則是先走的人和後走的人都下棋後只計1手，1手為1回合。**也就是說每一手二個人都會下棋，所以西洋棋的40手，會等於日本將棋的80手，因此全部模式約30^{80}種（大概為10^{120}）。順帶一提，10^{120}一般稱作「**夏農數**」。

最後他提出結論，由於棋局的數量太多，即便是電腦，竭盡所能終究還是不可能調查出所有的可能性。因此他主張，應用分數區分棋局好壞，並找出預設最低分能最大化的方法（極小化極大演算法），總之，就是**傾力使失敗時的損害變小**。

西洋棋的開局模式（10^{120}），比日本將棋的模式（10^{220}）來得少多了，當然這些數字只是概算，當計算的前提改變時，答案也會有所不同。不過日本將棋的開局模式比西洋棋多，卻是不爭的事實，電腦最先也是在比西洋棋時，戰勝了人類職業棋士。1997年，IBM開發了專門用來下西洋棋的超級電腦深藍，並且在擊敗西洋棋世界冠軍卡斯巴羅夫後，名揚天下。

在日本將棋的世界，電腦同樣緊追在人類專業棋士之後。曾為東京大學將棋社一員的山本一成，在大學期間留級，於是便趁機著手研發電腦將棋軟體，藉此克服他不拿手的電腦學科，後來便催生出將棋軟體「ponanza」。可是ponanza一開始連研發者也打不贏，後來陸續培養實力，才在2013年參加第二屆將棋電王戰時，與佐藤慎一四段打成平手（不讓分）獲勝後，一躍成名。

看過日本將棋、西洋棋的例子後，坦白說最難電腦化

的，其實是圍棋，相較於日本將棋和西洋棋，圍棋每一手可能的下法，平均數（分支因子）很多，據悉約250種。從比賽開始到結束的手數，以職業等級來說達100至200手左右，假設平均為150手的話，開局模式會變成250^{150}，這個數字相當於10^{360}。遊戲就是如此複雜，因此在圍棋的世界裡，電腦要戰勝人類職業棋士，普遍認為還來日方長。但是2015年，由Google DeepMind所研發的AlphaGo，便在分先（不讓分）的情況下，實現了打敗人類職業棋士的創舉；日後對戰職業棋士也屢創佳績，並於2016年，由韓國棋院頒發名譽九段棋士證書，這是電腦首次成為圍棋的「職業棋士」。

引人舞弊

電腦不斷超越人類，但在這期間，也發生人類使用電腦舞弊的事件。2002年，德國的蘭珀特海姆公開賽（西洋棋大賽）中，有位參賽選手在比賽期間頻繁起身如廁，舉動可疑，對戰選手於是提出抗議。主辦單位尾隨該名參賽者來到廁所，只聽見正在如廁的聲音，再從下方細縫窺視，發現他腳尖朝向牆壁，看來似乎沒有坐在馬桶上，於是再從隔壁廁所踩著馬桶往下一看，發現他正在使用小型電腦操作西洋棋的軟體，於是當場逮捕。犯人堅稱只是在察看電子郵件，但拒絕供出電腦，最後遭大會驅逐出場。

2006年，在印度的薩布魯托穆卡伊紀念國際西洋棋分級淘汰賽中，屋馬坎特・沙爾馬將藍芽通訊設備藏在帽子底下參賽，由共犯利用電腦分析棋局，再指示他如何下棋。主辦單位發現，他的對戰成績優異，比照他過去的戰績實在判若兩人；而且有好幾名參賽者都向主辦單位反應，沙爾馬的棋步與電腦程式的建議走法如出一轍。在第七局時，印度空軍終於介入調查，經金屬探測器檢查後，才發現屋馬坎特・沙爾馬身上偷帶了通訊設備，後來經過更詳細的調查，最終被判決禁賽十年。

　　感覺上似乎沒必要用廁所偷窺，或是出動空軍來調查類似的舞弊事件，不過由此可見，國外對於西洋棋的熱度盛況空前。除了這些事件，每年都會發生舞弊情事，而且職業棋士作弊的例子更是層出不窮，2015年在杜拜公開賽中，發現曾為喬治亞棋協大師（西洋棋最高等級）的蓋奧・祖尼加里格，竟然在廁所使用智慧型手機操作西洋棋程式。當時是因為對戰選手提出抗議，認為他每次在重要局面一定會離席上廁所，這樣的舉動太不尋常，經主辦方檢查後，才在馬桶後方發現了手機和耳麥。後來蓋奧・祖尼加里格被取消棋協大師的頭銜，還被大會判決禁賽三年。

　　在日本將棋的世界也是一樣，電腦的實力突飛猛進。2015年，羽生善治先生便形容現在的電腦如同陸地上的

4-3.

Google 的命名
與數學也有不解之緣？

超乎想像的大數字，從古至今一直令人充滿好奇。過去在阿基米德的著作《沙子算盤》（*The Sand Reckoner*）一書中，計算過需要多少顆砂子，才能將整個宇宙埋起來。依據阿基米德所言，需要 10^{63} 顆砂子，也就是在 1 後頭有 63 個 0 這麼大的數字。

不過在這部分有一點要請大家留意一下，他口中的「宇宙」，並不等同於我們現在認知的宇宙。當時以天動說為主流，普遍認為太陽、月亮以及其他星星，都是繞著地球的周圍轉動著。**阿基米德主張，「宇宙」類似一個球體，半徑相當於地球至太陽的距離，接著計算出需要多少顆砂子，才能將這整個球體填滿。他的目的是為了告訴大家，**

雖然數字非常龐大，卻仍有其極限，並不認同統治敘拉古的蓋倫所提出的見解，也就是無論多少顆砂子都無法填滿宇宙。

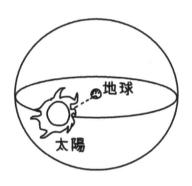

圖表4-e　阿基米德想像的宇宙

（T）

阿基米德參考當時所提出的天文學學說，推測地球至太陽的距離不到100億斯塔德（約18億公里。斯塔德為當時的長度單位）。太陽與地球的實際距離，為1億4,960萬公里，因此與他的結論並無太大出入；況且在望遠鏡尚未發明出來、毫無頭緒的時代，推估距離只不過在10倍的誤差之內，顯見阿基米德著實聰明睿智。因此以砂子半徑為18微米（μm）左右計算之後，才會算出用10^{63}顆砂子，就能將宇宙整個埋起來。

看來阿基米德似乎偏好大數字，當時數字的體系最大只

到億，然而他卻已經考察到比這更大的數字體系了。他所提出的最大單位，依照現在的寫法表現的話，即為「1億的1京次方」，就是1的後面有8京個零，是個非常大的數字。如此龐大的數字，即便在科學技術發達的現代，依舊是英雄無用武之地。不過阿基米德根本不在乎龐大數字是否有其用處的問題，一心專注地研究著龐大的數字。

在自然科學或是數學的世界裡，令人不敢置信的龐大數字屢屢出現。在化學計算上，經常使用所謂的**亞佛加厥常數**，這是**12克碳內含的碳原子總數**，約 6.022×10^{23}。若以日本現在的數字單位來說，約 6,000 垓（京之後的單位，依序為兆→京→垓）。英國的天文學家**亞瑟・愛丁頓**，曾推估整個宇宙的質子數量為 136×2^{256} 個（約 10^{79} 個），這可是比無量大數（10^{68}）大 11 位數的大數字。

地球複製品的存在

麻省理工學院的**馬克斯・泰格馬克教授**宣稱，在距離地球 10 的「10 的 118 次方」次方公尺處，有一個完全複製地球的地方，住著一個完全拷貝我們的人類。這並不是在說愚人節笑話，而是依照物理學的研究結果，才會提出這樣的假設。其實所有的物質都是由原子所形成，不同的原子排列方式，才會造就出你我不同的人物。但是坦白說，

原子的排列模式有其極限，因此**假設宇宙是無限大的話，某處應該會重複與我們完全相同的排列模式**。泰格馬克教授推算之後，認為在10的「10的118次方」次方公尺這等廣大範圍，會發現到重複的地球。這個數字相當於1的後面有10^{118}個零這麼大，如果不用科學記號書寫的話，這本書根本寫不下這麼大的數字；不僅如此，用光全世界的墨水，恐怕也寫不完這個數字。

　　至今所有的數字，在某種程度上都是「有意義的」，不過有一個大數字，卻只是為了表現出非常大的數字，才會出現在世人眼前，那就是「**古戈爾**」（googol）。googol意指**10的100次方**，不用指數來表示的話，如下所示：

　　10,000,000,000,000,000,000,000,000,000,000,
　　000,000,000,000,000,000,000,000,000,000,
　　000,000,000,000,000,000,000,000,000

　　還有**10的古戈爾次方**，就是10的10^{100}次方，稱作**古戈爾普勒克斯**（googolplex）。這些數字，在數學及自然科學方面並非特別重要，只是要方便大家理解，再加上名稱吸睛，因此才會廣為人知。而且將非常大的數字與古戈爾作比較後，也有助於大家想像這個大數字究竟有多大。舉例來說，「1個電子的質量」，相較於「可觀測範圍內整個

宇宙內含物質的總質量」，大約是100億分之1古戈爾；另外如前文泰格馬克教授所提到，必須在10的「10^{18}古戈爾」次方公尺這麼大的範圍，也就是10的百京古戈爾次方公尺，才能發現地球的複製品。

9歲男童的絕妙提議

發明古戈爾這個名稱的人，是美國數學家**愛德華・卡斯勒**（Edward Kasner）的9歲姪子**米爾頓・西羅蒂**。卡斯勒為了讓孩子們愛上數學，於是想為10的100次方這個數字，取一個印象深刻的名稱，因此他便問姪子有沒有什麼好提議。卡斯勒在《數學與想像》（*Mathematics and the Imagination*，Edward Kasner & James Newman 著）這本著作中，記錄了下述這段故事。

充滿智慧的詞彙，並非出自科學家，而是來自孩子們的創意。我請姪子幫我替一個非常大的數字，也就是1之後有連續100個零的數字命名，最後他發明出了「古戈爾」一詞。他相信這個數字並非無限大，因此需要為這個數字命名，於是便提出了「古戈爾」這個名稱，此外還將更大的數字，稱之為「古戈爾普勒克斯」。據他表示，古戈爾普勒克斯這個數字，是在1之後0要「連續寫到手痠為止」，但是寫多少個0才會手痠，會因人而異。（中略）因

此為古戈爾普勒克斯作出明確解釋，在1之後接續古戈爾個0的數字，便稱作古戈爾普勒克斯。這個數字實在太大，假設你每隔1英寸寫1個0，可能寫到宇宙盡頭也寫不完。（作者譯）

IT龍頭企業 Google 的公司名稱，就是古戈爾（googol）拼字出錯的結果，這段故事很多人都知曉。Google 的共同創業人賴利・佩吉（Lawrence Edward Larry Page）與謝爾蓋・布林（Sergey Mikhaylovich Brin），原本將他們所研發的搜索引擎稱作「BackRub」。

時值1997年9月，賴利與同事們開始討論為搜索引擎重新命名，這時他們將提議的名稱寫在白板上，最後終於找到一個名字，最符合這個整理搜索龐大數據的系統。其中有一名同事希恩・安德森問了大家：「（因為必須搜索非常大量的數據）古戈爾普勒克斯（googolplex）這個名字如何呢？」賴利回他：「這個名字太長了，我覺得『古戈爾（googol）』比較好。」後來希恩便坐在電腦前面，開始調查能否用 googol 登錄為網域名稱，確認是否已經有人使用，只是他當時搞錯了拼字，打成「google.com」，結果竟然可以登錄，賴利很滿意這個名字，最後便將網域名稱登錄為「google.com」了。

順帶一提，位於加州山景城的谷歌總部大樓，大家都習慣稱之為「古戈爾普勒克斯（googolplex）」。9歲孩童的創意，在數學家的推廣下聞名全世界，甚至成為IT龍頭企業的公司名稱，實在是叫人作夢也想不到，感覺這也算是一種美國夢吧！

4-4.

同父同母的兄弟姐妹，為什麼長得不一樣，個性也不同？

大家認識的朋友裡，有人是雙胞胎或三胞胎嗎？說不定，有人自己就是雙胞胎或三胞胎。目前已知，同卵雙胞胎除了外表以及個性很像之外，就連罹病率也會出現驚人的相似度，因為他們擁有相同的基因，所以與生俱來的特徵才會極為雷同。但是非同卵雙胞胎的雙胞胎或三胞胎，還有根本不是雙胞胎的兄弟姐妹，無論長相或是性格都是因人而異。這種情形看似理所當然，但是仔細想想，大家不覺得很不可思議嗎？

孩子與父母相像，是因為繼承了父母基因的關係，而且

孩子的基因，是一半來自父親、一半來自母親混合而成，所以才會發生眼睛像爸爸，嘴巴卻像媽媽，或是外表像爸爸，個性像媽媽這種情形。不過，為什麼每個兄弟姐妹會產生差異呢？既然每個孩子都是從父母「分別遺傳一半基因」，感覺這些基因應該會一樣才對。

為了解開這個謎團，必須仔細想一想，「分別遺傳一半基因」加以混合這句話，具體而言會呈現出怎樣的狀況。先為大家提示答案，其實**「分別遺傳一半基因」加以混合，在這種情形下，混合模式會多到令人難以置信**，這部分便會影響到孩子的個性。

何謂基因組

現在就來看看，基因竟究如何混合。人類的身體是依據各種遺傳信息所組成，這些**遺傳信息整體而言統稱為「基因組」**。例如你就是你，而不是別人，就是因為你的基因組和別人不同。

若要認真解釋何謂基因組，可區分成所謂「**染色體**」的聚合體。染色體外形細長，如同毛毛蟲一樣，放大仔細觀察其結構，就會發現染色體是由類似細線般的纖維交纏組成，這些細線般的纖維，稱作「**DNA**」，能夠儲存生物遺

傳信息。DNA是由4種名為「鹼基」的物質，如鎖鏈般串連而成，藉由這些鹼基的排列，記錄著遺傳信息。

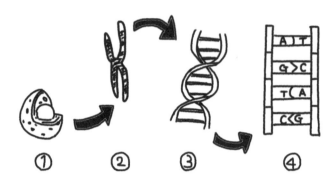

①細胞核：人類的細胞核中有23對（46個）染色體。
②染色體：DNA會折疊起來存於染色體當中。
③DNA：鹼基對像梯子一樣串連起來，形成雙重螺旋構造。
④鹼基對：人類的鹼基對（鳥嘌呤〔G〕、胞嘧啶〔C〕、腺嘌呤〔A〕、胸腺嘧啶〔T〕）約30億個，在這裡儲存大量的遺傳信息。

圖表4-f　人類基因組的構造

〔T〕

　若將存在於人類細胞核中的DNA連接起來，全長會達2公尺，這般長度若不設法折疊起來縮小體積，根本無法容納於細胞核中。因此DNA才會分成染色體這種單位，折疊成小小的。人類的細胞核中共有**46個染色體**，這些染色體會兩兩成對，因此合計為23對。

　成對的染色體，稱作「同源染色體」，同源染色體都帶

有相同種類的遺傳信息，也就是說，遺傳訊息會重複。這樣一來，即便受到化學物質或放射線這方面的影響，導致單方面無法運作，只要另一個染色體平安無事，身體機能就不會發生異常。進一步詳細說明的話，在細胞當中，基因經常會在化學物質及放射線等等的影響下，導致損傷，所幸同源染色體具有相同機能，鹼基序列也非常相似，因此當**成對的其中一個染色體，鹼基序列有部分損傷時，會從另一個染色體相對應的地方複製鹼基序列，修復損傷，**這便稱作「**遺傳重組**」。總而言之，在同源染色體的幫助下，可減少基因異常情形，使個體的生存機率提升。

無限的多樣性

接下來要進入本章主題，同源染色體其實還有一個重責大任，就是**讓孩子在出生後，基因組具多樣性**。每一個人都是由1個受精卵開始長成，而受精卵是由父親的精子與母親的卵子結合而成，不過精子及卵子不同於身體其他的細胞，分別只有23個染色體。這是因為孩子也和父母親一樣，必須擁有46個染色體，所以當精子、卵子分別持有23個染色體，在成為受精卵的階段，兩者結合後，染色體的數量才會正好變成46個。

在體內製造出精子及卵子時，必須從原本擁有的46個

染色體當中，選出23個染色體。因此會**在成對的同源染色體當中，隨機選出其中一個**，所以從23對中各自選出1個，最後才會變成23個的染色體組合。

現在有一個問題要來考考大家，請問共有幾種方法，可以製造出受精卵的基因組呢？請大家稍微思考一下，再繼續參閱接下來的說明。

首先來思考一下只有母親的情形。從一個成對的同源染色體選出一個染色體時，當然只有2種。而染色體有23對，因此選擇方式一共會有「2（從第1個成對的同源染色體作選擇）×2（從第2個成對的同源染色體作選擇）×……×2（從第23個成對的同源染色體作選擇）」，也就是將2乘以23次即可，也能夠用科學記號寫成2^{23}，計算後結果將會得出838萬8,608種。

另外孩子的基因也會遺傳自父親，因此還得考量到父親的部分。父親這方面的染色體選擇方式也和母親一樣，為2^{23}種，也就是838萬8,608種選項。接著來看看，卵子與精子結合後的受精卵，基因組一共會有幾種呢？由於遺傳自父親的染色體組合為2^{23}種，遺傳自母親的染色體組合為2^{23}種，所以兩者相乘後結果如下所述，居然有大約70兆種：

$$2^{23} \times 2^{23} = 2^{46} = 8,388,608 \times 8,388,608$$
$$= 70,368,744,177,664$$

順便說明一下，$2^{23} \times 2^{23}$ 就是「2乘以23次」×「2乘以23次」，所以結果其實和2乘以46次（23次＋23次）一樣，總之也能寫成 2^{46}。

不過這時候還不能貿然下結論。一對夫妻生下來的孩子，他的基因組並不會「僅有」70兆種，實際會多出更多。因為由精子和卵子另外組成的成對同源染色體，如同前文所述，**在「遺傳重組」下，部分鹼基序列會交換，因此會衍生出不同父親，也不同於母親的鹼基序列**。相同基因的鹼基序列雖然彼此相似，但是並非完全相同，部分會有所差異，因此強行交換部分鹼基序列之後，就能製造出有別於父母親的鹼基序列。「遺傳重組」通常用於修復受損後的基因，但在繁衍子孫的過程中，也常運用到遺傳重組的機制，以增加基因組的多樣性。

在這種機制的作用之下，孩子基因組的多樣化程度可說是幾近無窮無限，生物就是像這樣，才能維持基因的多樣性。將生物視為系統加以檢視時，大家不覺得構造精良到令人讚嘆嗎？人類在研發某些系統時，通常認為盡可能以精簡設計，滿足必要的功能需求，才算是優秀的設計。

生物藉由同源基因這種系統，乍看之下可以同時滿足「控制基因異常」與「確保遺傳多樣性」，這兩種天差地遠的需求，幾近完美的程度，實在叫一般技術人員以及系統設計師自嘆不如。大自然果然還是最偉大的老師。

4-5.

「無限」 也有大小之分？

（ㄒ）

本章已經介紹過非常大的數字，不過這幾個數字都有其極限，事實上還有好幾個數字，遠大過這幾個數字。接下來將利用本章節，繼續來探討一下遠超過古戈爾普勒克斯以及夏農數的「無限」。一說到無限，大家會聯想到所向無敵的大小，有如王者般的存在，但是事實並非如此，坦白說無限也分成很多種，共有更大的無限，以及更小的無限。大家可以想像成高低排列的王族（無限）成員，不過數量遠比平民（有限的數字）來得多很多。

「無限」屬於抽象的概念，難以想像，所以就算有大小之別，可能大家也毫無頭緒。舉例來說，「偶數的集體」與「實數的集體」，二者皆具備無限個的要素，但是大家認為何者比較大呢？各位可能不太容易運用直覺作出判斷，不過大家無須傷腦筋，很容易就能想出答案。判斷方式如下所述：

在集體的組成要素[*1]上編號[*2]

「偶數的集體」如下列所示，可以在要素上加上編號。

2,	4,	6,	8,	10,	12,	14,	16,……
↑	↑	↑	↑	↑	↑	↑	↑
1號	2號	3號	4號	5號	6號	7號	8號

當然要素有無限個，因此數也數不完，不過重點在於**定出加上編號的規則**，這時候，確定「偶數♤會變成♤／2號」後，就能將所有的偶數加上編號。像這樣定出加上編號的規則後，可以加以計數的無限便稱作「**可數集**」。「可數」顧名思義，就是指「可以計數」的意思；另外「奇數的集體」（1，3，5，7……）以及「整數的集體」（……，-2，-1，

＊1　在數學中稱之為「集合」。
＊2　在數學中稱之為「元素」。

0、1、2……）同樣在定出加上編號的規則後，就能將要素一個個計數，所以是可數集。

接著再來看看「實數的集體」會是如何？自然數及整數都囊括在整數的概念之內，小數點以下有數字也無妨，比方說1.3435443，甚至小數點以下無限延續的 π（圓周率），以及 e（數學常數）等無理數，也包含在實數當中。在實數的組成要數上，並無法定出加上編號的規則，因為無論是多麼相近的數值，中間都會存在其他的實數，舉例來說，在3.14159265與3.14159266之間，就會存在3.141592655這類的數字，因此根本不可能在實數上加上編號。就像這樣，無法加上編號的無限，稱之為「**不可數集**」。進一步嚴格來說，可用「對角論證法」來證明不可數集的存在，但是以數學的角度加以探討會變得相當複雜，在此暫不詳細說明。

空洞或密集

說到大小，一般認為**不可數集要比可數集來得大**。因為不可數集的組成要素，多到不可能合理地逐個找出並且加上編號。像這樣第一個發現**無限竟然也有大小之分**的人，就是德國數學家**格奧爾格‧康托爾**（Georg Ferdinand Ludwig Philipp Cantor）。

說到這裡，要請大家回想一下，在2-2將實數區分成有理數與無理數的內容。有理數是可用分數表示的數字，分數會寫成○/△，而且○和△皆為整數。

　　因此可用整數（⇐可數集）的組合來表示有理數，所以「有理數的集體」會是可數集。也就是說，實數整體為不可數集，從中單獨將有理數挑出來的集體，則為可數集。

　　如此說來，單純將無理數挑出來的集體，究竟是可數集還是不可數集呢？正確答案為不可數集，因為假設「無理數的集體」也是可數集的話，同樣用可數集的「有理數的集體」組合而成的所有數字（也就是實數），將會變成可數集。

　　但是實數是不可數集，所以會與事實相反，由此可知，「無理數的集體」屬於不可數集。

　　依照正常邏輯，想得到的有理數包括 $\frac{1}{3}$、$\frac{1}{5}$、$\frac{1}{100}$ 等等無限多的數字，反觀無理數只會讓人聯想到 π、e（數學常數）、$\sqrt{2}$、$\sqrt{5}$ 這幾個有限的數字，所以感覺上有理數占了多數，可是事實正好相反，有理數為可數無窮個，反觀無理數卻是不可數無窮個，所以無理數較有理數多更多。顛

覆直覺認知，實在叫人難以接受，不過以數學的角度來看，的確是如此。

　　順便來看看，雖說有大有小，但是同樣都是無限大，所以實在難以理解。因此在數學的世界裡，會將這種情形改以「**空洞程度**」來想像。舉例來說，在一個偶數與相鄰的偶數之間，並沒有其他的偶數，也就是 2 與 4 之間並不存在偶數。「自然數的集體」也是相同道理，4 與 5 之間並不存在自然數。總而言之，這些集體可用空洞來形容。

　　但在另一方面，以「實數的集體」為例，實數與實數之間，存在許許多多其他的實數，也能形容成密集滿布。像這樣用空洞程度作聯想，就容易看出無限的大小之別了。空洞程度，數學專用名詞稱作「**濃度**」，有濃（密集）淡（空洞）之別。**可數集的濃度，寫作 $\aleph_0$，讀作「阿列夫數」**，總歸一句話，$\aleph_0$ 代表「空洞」的意思；**屬於不可數集的實數，濃度為 $\aleph_1$（阿列夫1）**，表示「密集」。

　　順便來聊一聊，所謂的無限，以數學的角度來看，會發生許許多多不可思議的情形。現在就來為大家介紹一下，由數學家**大衛・希爾伯特**（David Hilbert）所提出，名為「**希爾伯特旅館悖論**」的範例。

在「無限飯店」中，共有可數無窮個房間。目前飯店客滿了，此時卻有旅客想要入住，這時該如何是好呢？

假設你是飯店經理，請想想看該如何因應。既然房間數有限，目前又處於客滿的狀態，這名客人便無法入住。但是房間數為可數無窮個，因此只要像下述這樣通告每位客人即可：

「煩請各位客人移往下一個編號的房間，以確保新客人有房可住。」

所以 1 號房的客人會移往 2 號房，2 號房的客人會移往 3 號房……。依此類推，於是 1 號房會空出來，再安排新客人入住 1 號房即可。當房間數量有限，例如只到 100 號房的時候，住在 100 號房的客人，將會無處可去，不過這時候房間數是可數無窮個，所以並不會出現無房可住的客人。100 號房的人移往 101 號房，1 古戈爾普勒克斯號房的客人，只須移往「1 古戈爾普勒克斯＋1」號房就行了。當其他旅客來訪時，也同樣請客人移往下一號房間，就能接納許多位旅客了。這種情形以數學角度作解釋，完全合情合理，但卻違反了直覺認知，所以稱之為悖論。

話說回來，數學裡存在比 $\aleph_0$ 或 $\aleph_1$ 更大的無限嗎？事

實上是存在的，就是 $\aleph_2$、$\aleph_3$、$\aleph_4$……不斷延續下去。$\aleph_0$ 和 $\aleph_1$，在王族中的階層較低。寫在 $\aleph$ 右下方的編號，稱作序數，這個編號可以非常大，也就是說，「無限的大小有無限多種」。但是擁有 $\aleph_2$ 以上濃度的「集體」，除非是數學專家，否則一輩子恐怕都沒機會見到。有興趣的人，只要研讀被視為現代數學基礎的「集合論」，一定能夠見到擁有 $\aleph_2$ 以上濃度的「集體」。

4-6.

密碼通常
運用大質數加密，
為什麼？

大家有編過密碼嗎？可能有人在小時候覺得好玩，所以曾經編過，有些密碼三兩下就能解讀，如果這些密碼也包含在內，編密碼其實簡單得很。比方說下述密碼，大家認為代表什麼意思呢？

密碼：ZOOKD

這是用26個英文字母的前一個字母編成的密碼，A前面沒有字母，所以用Z代替，這樣大家知道是什麼意思了嗎？原始單字就是「APPLE」。在密碼的世界裡，**原始文**

章稱為「明碼」，所以這時候「APPLE」就會是明碼，另外解讀密碼則稱作「解密」。大家將ZOOKD這個密碼解密後，就會成功取得APPLE這個明碼。

現代人習慣用電腦處理各式各樣的資訊，但在這世上心懷不軌、想要竊取這些資訊的有心分子，卻會躲在大家看不見的地方，為了不讓這些壞人取得資訊，加密技術猶為重要。依照某種規則，將明碼置換成密碼，再將密碼直接傳送給對方後，就算通訊資料被偷看了，也不必擔心內容會洩漏。

RSA加密演算法

在大家最常使用的密碼當中，就有運用質數研發而成的「RSA加密演算法」，其利用了質數的特性，透過非常有趣的方式來編成密碼，所以在這個章節一定要為大家介紹一下。

RSA加密演算法的特色是，運用了不同規則（稱作「密鑰」）加密與解密，另外還有一種方式，是在加密與解密時使用了共同的規則（密鑰），這種方式稱之為共享密鑰加密。在1976年以前，一般都是使用共享密鑰加密，會依照下述步驟收送訊息。

＜共享密鑰加密＞

①收訊端將共享密鑰傳送給發訊端。

②發訊端使用共享密鑰將訊息加密後傳送出去。

③收訊端使用共享密鑰解密後讀取訊息。

　　這個方法非常簡單又容易理解，但是這種方式會令人擔心不夠安全，畢竟只要知道共享密鑰，就能加密及解密，有不良意圖的第三者只要能竊取到①的通訊內容，就能解讀密碼了。

　　相對於此，另外一種像 RSA 加密演算法這樣，**運用不同規則（密鑰）加密、解密的方式**，稱作「**公開金鑰加密**」，因為將加密的規則（密鑰）公開，因而由此得名。但是解密的規則（密鑰），當然必須保密，所以這部分便稱作**私鑰**。私鑰請大家聯想成用來解開密碼的神祕咒語。收送公開金鑰加密訊息的流程，如下所示。

＜公開金鑰加密＞

① 收訊端備妥**公鑰**與**私鑰**。

② 收訊端將加密的**公鑰**公諸於世。

③ 發訊端使用**公鑰**將訊息加密後傳送。

④ 收訊端使用自己才知道的**私鑰**解密並讀取訊息。

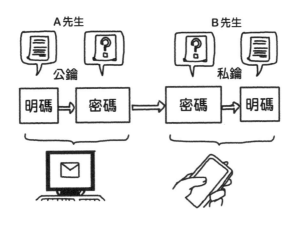

圖表4-g　公開金鑰加密的流程

〈下〉

　　大家有看出關鍵差異在何處了嗎？公開金鑰加密，不必傳送用來解密的鑰匙（私鑰），因此收訊端（圖表4-g的B先生）會同時知道公鑰與私鑰。但是若只將公鑰公開，這世上的任何一個人，都能夠使用公鑰將訊息加密，傳送給B先生，可是只有B先生知道解密所需要的私鑰，所以就算有居心不良的第三者竊錄了通訊內容，也無法順利將密碼解開得知內容。

　　RSA加密演算法，就是運用了如此劃世代的架構，並在電子商業中廣泛應用。「RSA」這個名稱，便是由這套加

密演算法的研發者——分別是麻省理工學院的教授羅納德·李維斯特（Ronald Linn Rivest）、以色列的密碼研究學家阿迪·薩莫爾（Adi Shamir），以及南加州大學的倫納德 阿德曼（Leonard Max Adleman）教授，由這三個人的姓氏開頭字母所組成。

用簡單範例一解RSA加密演算法！

既然機會難得，不如來好好了解一下RSA加密演算法的細節，讓自己也懂得如何加密、解密吧！最後我會出一道密碼題來考考大家，請大家一定要來挑戰看看。當你能夠自己編出密碼，就能利用這種方式，將不方便直接傳達的訊息加密傳送出去。譬如想對意中人表白時，不妨寄給對方一封RSA加密的情書，如果和意中人並非兩情相悅，情書搞不好會被當作亂碼丟進垃圾桶，當你們兩情相悅時，對方肯定會拼命解讀。

不過很遺憾的是，RSA加密演算法解讀起來並非容易之事。難以解讀的原明，得要長篇大論才能說明清楚，所以先說結論的部分。解讀困難的原因，**在於非常大的數字要進行質因素分解十分困難，而RSA加密演算法就是運用了這項特性**。所謂的質因素分解，就是像35＝5×7這樣，將數字分解成質數的乘法。這時候，可以聯想成原本

的數字是由質數組合而成，所以稱作「合數」。小一點的合數，進行質因素分解非常簡單，比方說可如下述這樣進行分解：$91 = 7 \times 13$、$3267 = 3^3 \times 11^2$、$17107 = 7 \times 11 \times 13 \times 17$，但是當合數非常大，超過幾百位數時，就算用電腦進行質因素分解，也會難以應付。

RSA加密演算法就是利用這項特性，使用了非常大、達幾百位數的合數編成公鑰和私鑰。想利用不當手段竊錄通訊內容的第三者，必須自己想辦法將這個巨大的合數進行質因數分解後，才能解開密碼，這部分就算是最新型的電腦，也得耗費幾千年左右的時間計算，規模龐大，所以要破解密碼相當困難。

以上是概略的說明，接下來就來仔細了解一下，究竟該如何編出密碼。若以實際用於通訊的RSA加密演算法為例，會使用到數百位數的合數，計算過於繁雜，恐怕會讓大家看得眼花繚亂，在此用非常小的合數（33）來為大家說明。

接下來除了本文的說明之外，還會另外整理出一張表格（207頁的圖表4-h），圖表左側為說明部分，右側為具體範例，大家可以對照說明與具體範例參考看看，我想應該會更容易理解。

編製私鑰與公鑰

首先在收訊端，必須編製私鑰和公鑰，所以先來說明這部分的流程。步驟有些繁雜，對細節不感興趣的人，可以「大略了解一下」，過目即可，但是想在最後挑戰密碼題的人，這部分必須徹底理解才行。

具體步驟如207頁的圖表4-h所示。首先由收訊端隨意挑出二個質數，在這個步驟，通常會選出幾百位數的巨大質數。選出一對質數後，接下來只須依照步驟計算即可。表格中會出現加密指數這個名詞，這是用於加密的某個整數值；另外解密指數則是用於解密的整數值。加密指數與解密指數，只要依照步驟計算即可求出。

在確保RSA加密演算法的安全性上，最重要的部分，就在第5個步驟。因為要計算出解開密碼時必需的解密指數，必須求出第3步驟的 ϕ，但是得要知道兩個質數，才能算出 ϕ。兩個質數是由正確的收訊端自己挑選出來的，可以不費工夫就算出 ϕ，可是居心不良竊錄的第三者，並不知道原始的質數，所以私自將公開的合數 n 進行質因數分解後，必須得算出原始的質數，否則無法算出 ϕ，因此才會無法破解密碼。誠如前文所述，這可是需要耗費數千年的繁重工作。

編製私鑰與公鑰			
序號	步驟	詳細説明	具體範例
1	選擇質數	隨意**選出2個質數**	質數：3和11
2	計算合數n	假設2個質數相乘後為n	n=3×11＝33
3	計算φ	**假設2個質數分別減去1再相乘後為φ** *1	φ=(3-1)×(11-1)=20
4	編製**加密指數**	假設與φ的最大公約數為1、比1大但比φ小的自然數為**加密指數**	・與20的最大公約數為1、比1大但比20小（最小的*2）的自然數為3 ・選擇3作為加密指數
5	編製**解密指數**	假設「加密指數×解密指數」除以φ後所得餘數為1的最小自然數為解密指數	・接著找出「(3×X)÷20」的餘數為1的最小自然數X即可 ・3×7=21=20×1+1，所以X=7，解密指數為7
6	**公鑰與私鑰**	・加密指數與n的組合稱作**公鑰** ・解密指數與n的組合稱作**私鑰** ・公鑰會公開 ・私鑰只有正確的收訊端知道	・公鑰為(3, 33) ・私鑰為(7, 33)
加密			
7	置換成編號	文字改成編號	例如「H」→7號
8	加密	加密的公式**密碼**＝「明碼^{加密指數}」除以n後所得餘數	將「H」（編號7）加密 ・明碼$^{加密指數}=7^3=343$ ・343除以33後餘數為13 ・密碼就是13
解密			
9	解密	解密的公式明碼＝「密碼^{解密指數}」除以n後所得餘數	・密碼$^{解密指數}=13^7$ ・13^7除以33後餘數為7 ・得知明碼為「7」
10	回復成文字	從數字回復成文字	將「7」置換成「H」

*1 有些版本會用 「質數①-1」 與 「質數②-1」 的最小公倍數取代 φ。

*2 這裡為了簡化計算過程， 選用可滿足條件的最小自然數3， 作為加密指數。

圖表4-h　編製私鑰與公鑰

加密

現在依照步驟取得公鑰後，就能加密了。坦白說，加密的公式非常簡單，一行字就能解決。首先要將明碼的文字置換成數字（圖表4-h的第7步驟），這部分不難，在文字上編號即可，例如A為1、B為2。此時假設編號是從0到 n－1之間的數字（n＝合數），接下來就可以利用下述公式加密。

密碼＝【明碼】連乘【加密指數】所示次數
再除以n後所得餘數

也就是說，將文字置換成數字後，再算出這個數字連乘加密指數所示次數，然後除以n之後所得餘數，就是密碼。這個過程很單純，先乘再除然後算出餘數，就能編出與原先數字完全迥異的密碼。將除以n後所得餘數作為密碼，因此密碼也會是從0至n－1之間的數字。

將密碼復原成明碼（解密）

最後一個步驟，就是收訊端使用只有自己才知道的私鑰進行解密，這個過程和加密時一模一樣，只要套入下列公式就能完成。

明碼＝【密碼】連乘【解密指數】所示次數
再除以 n 後所得餘數

不可思議的是，計算完後一定會回復成明碼。雖然這部分可用名為「費馬小定理」的理論，以數學的方式加以證明，不過解釋起來會出現一些專有名詞，所以在此予以省略。最後將算出來的數字回復成文字，就能完成解密了。

有些人可能在公鑰和私鑰的地方，就會開始心生放棄的念頭了，不過關鍵的加密和解密，其實出乎意料地單純。尤其是解密的公式，或許大家會搞不懂為什麼這麼做就能回復成明碼。本書不予以探討如何求證，但是除了本章節介紹的具體範例之外，我敢保證大家在嘗試其他例子時，肯定也都能回復成原始文字。

密碼挑戰題！

本章內容稍嫌複雜，但在最後想來出題考考大家究竟成為密碼專家了沒，請大家試著解讀以下的RSA密碼吧！文字與編號的對照表如下所示，雖然成功解讀後也沒有獎品可拿，不過可以獲知作者要告訴大家的祕密留言，請大家一定要來挑戰看看！

・公鑰：（5, 35）

・密碼1：24 07 09 31 17 00 06 08 32 31 22 14 12
　　　　　33 23 31 00 12 09 31 23 11 20 09 00 17
　　　　　08 23 07 31 14 23 23 08 10 12 00 06 09

・密碼2：24 07 00 13 05 31 19 14 20 31 10 14 12
　　　　　31 12 09 00 33 08 13 06 31 24 07 08 23
　　　　　31 01 14 14 05 27

編號	00	01	02	03	04	05	06	07	08
文字	A	B	C	D	E	F	G	H	I
編號	09	10	11	12	13	14	15	16	17
文字	J	K	L	M	N	O	P	Q	R
編號	18	19	20	21	22	23	24	25	26
文字	S	T	U	V	W	X	Y	Z	－
編號	27	28	29	30	31	32	33	34	
文字	！	1	2	3	4	5	6	7	

圖表4-1　文字與編號對照表

結語

2500 年前，畢達哥拉斯發現世界是由數字所組成。人類利用數學的力量，發射火箭到月球、編出數千年才解得開的密碼、在四維空間的世界裡天馬行空。物理學家們甚至不斷努力研究，想利用公式闡明宇宙的始末。

生存在如此時空之下，數學對我們而言近在咫尺，同時卻也遙不可及。相信許多人學生時代最頭疼的科目就是數學，學校教授的數學，就是如此枯燥乏味，總被當成必須熟記公式及解題手法的背誦科目，無法感受數學原來是何等美妙及有趣，每個人都被迫填鴨式記憶，難怪大家對數學「避之唯恐不及」。

只不過，就算你再排斥數學，我們的日常生活依舊建立在數學的基礎之上。大自然、飛機、桌遊……，平凡的

日常，都是因為數學才變得多彩多姿。如能藉由本書，讓大家感受到學校教科書裡不曾發覺過的數學魅力，我將備感榮幸。由衷期盼能有愈來愈多人，因為本書的啟發，發現到數學的美妙與精采。

最後要說的是，本書多虧許許多多人的協助，才得以出版上市。誠心感謝為本書東奔西走的森鈴香小姐（朝日新聞出版書籍編輯部）、熱心鼓勵我完成本書並協助我修改原稿及負責插畫的遠山怜小姐（The Appleseed Agency Ltd.）、擔任封面設計的杉山健太郎先生，以及其他相關工作人員。最重要的，就是有始有終的各位讀者，真的非常謝謝大家。

冨島 佑允

參考文獻

CHAPTER. 1

ビジュアル図鑑『自然がつくる不思議なパターン――なぜ銀河系とカタツムリは同じかたちなのか』 菲利普・保羅著，桃井緑美子譯，國家地理（2016）

『波紋と螺旋とフィボナッチ』 近藤滋著，學研 PLUS（2013）

『雪の結晶はなぜ六角形のなか』 小林禎作，築摩學藝文庫（2013）

『フラクタル幾何学（上・下）』 本華・曼德博著，廣中平祐譯，築摩學藝文庫（2011）

斐波那契的《計算之書》英譯版

"Fibonacci's Liber Abaci: A Translation into Modern English of Leonardo Pisano's Book of Calculation, Sources and Studies in the History of Mathematics and Physical Sciences", Laurence Sigler, Springer-Verlag (2002)

『フラットランド――たくさんの次元のものがたり』 愛德溫・A・艾勃特著，竹內薫譯，講談社選書メチエ（2017）

CHAPTER. 2

『目で見る美しい量子力学』 外村彰著，サイエンス社（2010）

『量子力学』 猪木慶治、川合光著，講談社サイエンティフィク（1994）

『超複素数入門――多元環へのアプローチ』 I. L. Kantor、Solodovnikov, A. S. 著，淺野洋監譯，笠原久弘譯，森北出版（1999）

数学シリーズ『集合と位相』 內田伏一著，裳華房（1986）

『世界の名著＜9＞ ギリシアの科学』 藤澤令夫等人譯，中央公論社（1972）

厄拉托西尼相關說明（美國數學學會）

"Eratosthenes and the Mystery of the Stades", Newlyn Walkup, The Mathematical Association of America, (http://www.maa.org/press/ periodicals/convergence/eratosthenes-and-the-mystery-of-the-stades)

『素数ゼミの謎』 吉村仁著，文藝春秋（2005）

CHAPTER. 3

『ライフゲイムの宇宙』 威廉・龐德斯通著，有澤誠譯，日本評論社（2003）

知名科學計算軟體 Mathematica 研發公司沃爾夫勒姆研究公司所經營的數學解說網站「Wolfram Math World」（http://mathworld.wolfram.com/）

『基礎からベイズ統計学――ハミルトニアンモンテカルロ法による実践的入門』 豐田秀樹編著，朝倉書店（2015）

CHAPTER. 4

『砂粒を数えるもの』英譯版（加州州大教授附帶解說之英譯版本）

http://web.archive.org/web/20040808005307/http://www.calstatela.edu/faculty/hmendel/Ancient%20Mathematics/Archimedes/SandReckoner/SandReckoner.html

"Mathematics and the Imagination" Edward Kasner and James Newman, Dover Publications (2001)

カラー徹底図解『遺伝のしくみ——「メンデルの法則」からヒトゲノム・遺伝子治療まで』
經塚涼子監修・新星出版社（2008）
『集合と位相』 內田伏一著・裳華房（1986）

冨島 佑允

1982年出生於福岡縣。任職於外商人壽保險公司運用部門。京都大學理學系、東京大學研究所理學系研究科畢業，專攻粒子物理學，攻讀研究所時曾為世界最大粒子實驗專案研究員，對研究十分熱衷。後來經巨型銀行錄用成為定量分析師（運用金融工程學的專業人員），負責信用衍生性金融商品及日本國債、日本股票的操作，並曾在紐約擔任避險基金經理人。2016年轉職，現職經手逾10兆日圓的資產操作。2019年於一橋大學研究所取得MBA in Finance學位。不僅是名熟悉歐美文化的國際金融人士，同時精通科學及哲學最前端動向。

NICHIJYONIHISOMU UTSUKUSHIISUUGAKU
Copyright © Tomishima Yusuke
All rights reserved.
Originally published in Japan by Asahi Shimbun Publications Inc.,
Chinese (in traditional character only) translation rights arranged with
Asahi Shimbun Publications Inc. through CREEK & RIVER Co., Ltd.

數字的萬物論

出　　　　版／楓葉社文化事業有限公司
地　　　　址／新北市板橋區信義路163巷3號10樓
郵 政 劃 撥／19907596　楓書坊文化出版社
網　　　　址／www.maplebook.com.tw
電　　　　話／02-2957-6096
傳　　　　真／02-2957-6435
作　　　　者／冨島 佑允
翻　　　　譯／蔡麗蓉
責 任 編 輯／江婉瑄
內 文 排 版／謝政龍
校　　　　對／邱鈺萱
港 澳 經 銷／泛華發行代理有限公司
定　　　　價／380元
出 版 日 期／2020年11月

國家圖書館出版品預行編目資料

數字的萬物論/冨島 佑允作；蔡麗蓉翻
譯. -- 初版. -- 新北市：楓葉社文化,
2020.11　面；　公分

ISBN 978-986-370-236-8（平裝）

1. 數學 2. 通俗作品

310　　　　　　　　　　　　109013322